现代创意新思维 DESIGN

十三五高等院校
艺术设计规划教材

微课版

数字绘画基础
与项目实战

张熙闵 著

U0233671

人民邮电出版社

北 京

图书在版编目（CIP）数据

数字绘画基础与项目实战：微课版 / 张熙闵著. --
北京：人民邮电出版社，2021.3
（现代创意新思维）
十三五高等院校艺术设计规划教材
ISBN 978-7-115-51656-5

Ⅰ．①数… Ⅱ．①张… Ⅲ．①图象处理软件－高等学
校－教材 Ⅳ．①TP391.413

中国版本图书馆CIP数据核字(2019)第143116号

内 容 提 要

本书全面系统地介绍了数字绘画的绘制技巧和要点，内容包括数字绘画的概念及其发展、数字绘画的创作工具、数字绘画基础、表现效果实战、复古题材电影概念设计与制作、科幻题材电影概念设计与制作、Q版游戏概念设计与制作、卡通类游戏概念设计与制作、写实类游戏概念设计与制作，结合电影、游戏领域的角色概念设计，深入浅出地展现了数字绘画从项目要求、项目分析到项目设计与绘制的完整流程。

全书均以项目案例为主线，项目配有详细的操作步骤，读者通过跟做练习即可快速地掌握数字绘画工具的使用，并可结合本书中的项目实训切实掌握数字绘画的技巧和方法。本书每章都有思考与练习，思考与练习用于帮助读者巩固掌握每章的理论知识和技能操作，并培养读者独立思考、独立解决问题的能力。

本书可作为高等院校、高职高专动画游戏类专业数字绘画类课程的教材，也可供初学者自学参考。

◆ 著　　　　　　张熙闵
　　责任编辑　　桑　珊
　　责任印制　　王　郁　焦志炜
◆ 人民邮电出版社出版发行　　北京市丰台区成寿寺路 11 号
　　邮编　100164　　电子邮件　315@ptpress.com.cn
　　网址　https://www.ptpress.com.cn
　　北京捷迅佳彩印刷有限公司印刷
◆ 开本：787×1092　1/16
　　印张：9.25　　　　　　　2021 年 3 月第 1 版
　　字数：232 千字　　　　 2024 年 12 月北京第 11 次印刷

定价：59.80 元

读者服务热线：(010)81055256　印装质量热线：(010)81055316
反盗版热线：(010)81055315
广告经营许可证：京东市监广登字 20170147 号

FOREWORD —————————————————— 前 言

数字绘画简介

　　数字绘画是以数字化的方式绘制或生成图像、图形。数字绘画在制作过程中需要依托数位板、数位屏、压感笔等硬件设备和 Photoshop、SAI、Painter、ArtRage 等软件。数字绘画广泛地应用于动漫游戏领域、影视概念设计领域和平面设计领域。与传统绘画相比，数字绘画在光感和质感的表现上具有显著的优势，在细节造型的刻画上更为精细，色彩表现空间更大，因而深受概念设计师、插画师的喜爱。目前，数字绘画在概念设计领域、动漫游戏领域、平面设计领域已形成了非常成熟的制作流程和制作标准。

如何使用本书

Step1 精选基础知识，快速上手 Photoshop

数字绘画的工具　　数字绘画的应用领域

计算机　　数位屏　　数位板　　绘图软件

基本操作　　画笔的设置

04 第4章 表现效果实战

掌握数字绘画核心内容

4.1 数字绘画的肌理、材质表现

了解知识和要点

从古典主义油画到当代的数字绘画，肌理与材质的表现一直是绘画中不可回避的重要议题，即使绘画被移植到数字平台上，材质的重要性也并未衰减，反而与日俱增。因为它不但承载着对象的细节和真实感，而且承载着形式审美的展现。在纯艺术中，"美"是服务于个人的，而设计中的"美"是服务于观众、受众、用户或玩家的，它会随着时代的发展而改变，会随着服务对象的倾向、喜好的变化而改变。例如，当苹果公司推出带有金属质感和科技感的铝银色、玫瑰金手机时，它改变的不仅仅是产品本身，还有大众对于时尚材质的定义，所以掌握材质和肌理的表现是数字绘画重要的组成部分。

4.1.1 表皮肌理与材质表现

在数字绘画中，表皮肌理可以通过以下两种方式方便地实现。

1. 贴入表皮肌理图片

在绘制过程中，我们经常面对大量的表皮肌理，例如角色特写时脸部的皮肤、爬行类动物的表皮颗粒、服装上的皮革纹理和图案等，如果逐一使用默认的画笔工具进行绘制将耗费大量的制作时间。使用贴入表皮肌理图片的方式来进行制作则可以节省出大量的精力，如图 4-1 所示。

精选典型数字绘画案例

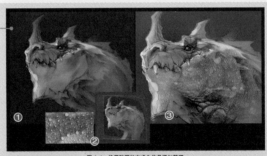

图 4-1 使用贴图的方式为作品添加肌理

① 使用画笔工具结合套索工具绘制完成基本的素描稿。
② 将一张肌理的图片拖入画面中并去色，将该图层的图层混合模式设置成"叠加"或"柔光"。选择"自由变换"命令（组合键"Ctrl+T"），单击其属性栏的网格变形按钮"[图]"，对材质进行调整。
③ 创建图层剪切蒙版，擦除多余的肌理。

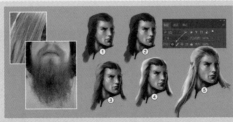

图 9-18 绘制头发

① 先用暗色绘制出头发的基本造型，并利用暗部塑造出头发的体积。
② 加深头发的暗部，并确定出头发与皮肤的虚实关系。
③ 锁定图层透明度，并为头发添加固有色。
④ 为头发添加高光。
⑤ 用较细的画笔勾勒出头发的细节结构。

Step3 课后习题，拓展应用能力

掌握自主学习和研究能力

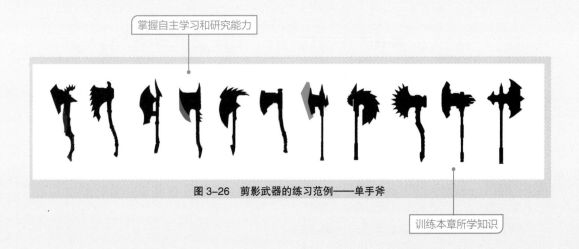

图 3-26 剪影武器的练习范例——单手斧

训练本章所学知识

配套资源

教学资源及获取方式如下。

- 教学视频
- 素材及效果文件
- PPT 课件
- 课程大纲
- 教学教案
- 材质资源包

任课教师可登录人邮教育社区（www.ryjiaoyu.com），在本书页面中免费下载使用。

教学指导

本书的参考学时为 64 学时，其中实训环节为 48 学时，各章的参考学时参见下页的学时分配表。

章	课 程 内 容	学 时 分 配	
		讲 授	实 训
第 1 章	数字绘画的概念及其发展	1	
第 2 章	数字绘画的创作工具	1	2
第 3 章	数字绘画基础	2	6
第 4 章	表现效果实战	2	6
第 5 章	复古题材电影概念设计与制作	2	6
第 6 章	科幻题材电影概念设计与制作	2	6
第 7 章	Q 版游戏概念设计与制作	2	6
第 8 章	卡通类游戏概念设计与制作	2	6
第 9 章	写实类游戏概念设计与制作	2	10
学 时 总 计		16	48

　　本书全面贯彻党的二十大精神，以社会主义核心价值观为引领，传承中华优秀传统文化，坚定文化自信，使内容更好体现时代性、把握规律性、富于创造性。

　　由于作者水平有限，书中难免存在不妥之处，敬请广大读者批评指正。

著 者

2023 年 5 月

CONTENTS ——————————————————————— 目 录

—01—

第 1 章 数字绘画的概念及
　　　　设计师的职业素养

—02—

第 2 章 数字绘画的创作工具

—03—

第 3 章　数字绘画基础

—04—

第 4 章　表现效果实战

—05—

第 5 章　复古题材电影概念设计与制作

CONTENTS 目录

—06—

—07—

—08—

—09—

扩展知识扫码阅读

设计基础知识

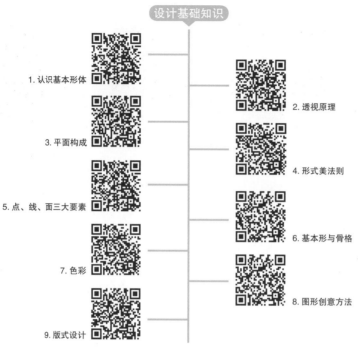

1. 认识基本形体
2. 透视原理
3. 平面构成
4. 形式美法则
5. 点、线、面三大要素
6. 基本形与骨格
7. 色彩
8. 图形创意方法
9. 版式设计

设计应用知识

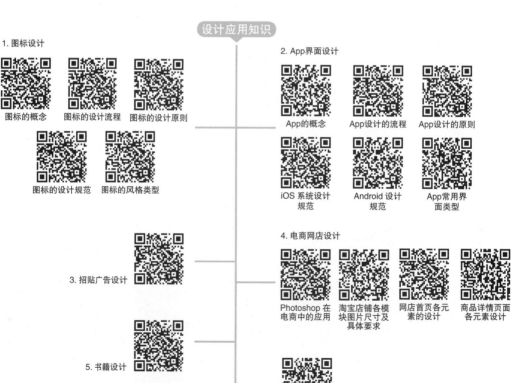

1. 图标设计
图标的概念　图标的设计流程　图标的设计原则
图标的设计规范　图标的风格类型

2. App界面设计
App的概念　App设计的流程　App设计的原则
iOS 系统设计规范　Android 设计规范　App常用界面类型

3. 招贴广告设计

4. 电商网店设计
Photoshop 在电商中的应用　淘宝店铺各模块图片尺寸及具体要求　网店首页各元素的设计　商品详情页面各元素设计

5. 书籍设计

6. 包装设计

7. 网页设计

第1章

01

数字绘画的概念及设计师的职业素养

当一个新的技术诞生时，艺术都在寻求匹配这个技术的最佳方式。绘画也是一样，当数字时代到来时，绘画在寻求的不仅仅是它可以通过数字方式来实现，而是寻求一种新的审美情趣和标准，以符合这个时代的需要。本章主要讲述数字绘画的定义，数字绘画与传统绘画的差异，数字绘画的应用领域，以及数字绘画设计师的职业素养，以帮助学习者对数字绘画建立全局性的认知。

概念设计师拉克姆（Rackham）为游戏《Legend of the Cryptids》所绘制的数字绘画作品

1.1 数字绘画概述

近年来数字技术蓬勃发展，正引领着相关行业的变革，因此，为了在时代的浪潮中激流勇进，我国必须完善科技创新体系、加快实施创新驱动发展战略。一种依托数字技术的绘画方式——数字绘画诞生了。它继承了一部分传统绘画的表现形式和表现方法，并结合数字技术拓展出了更为广阔的表现空间。本节主要介绍数字绘画的定义、数字绘画与传统绘画的差异及数字绘画的应用领域。

1.1.1 数字绘画的定义

数字绘画（Digital Painting），简称数绘，是指以数字化的方式绘制或生成图像、图形。数字绘画在制作过程中需要依托数位屏、数位板、压感笔等硬件设备和Photoshop、Sai、Painter等软件，如图1-1所示。

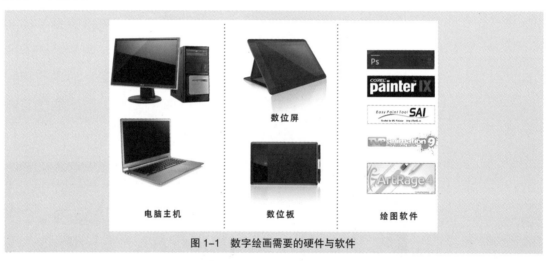

数位屏

电脑主机

数位板

绘图软件

图1-1　数字绘画需要的硬件与软件

数字绘画作品既具有计算机图像制作的特性，需要绘画者掌握多种软件制作技术，又具有绘画语言的特点，需要绘画者具备一定的艺术修养。图1-2所示是电影《赤壁》中的场景的数字绘画作品。画面中设计者先利用三维模型构建出逼真的空间透视与光影效果，再使用虚拟摄像机渲染出特定视角的画面，并在其基础上进行绘画表现。

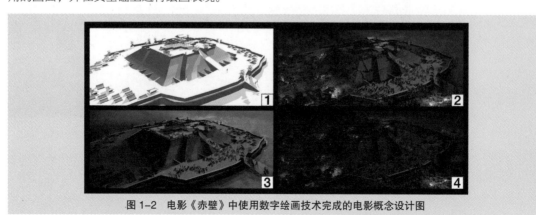

图1-2　电影《赤壁》中使用数字绘画技术完成的电影概念设计图

从中我们可以看到数字绘画不是仅仅靠"画"来实现，而是依托多种新型的数字技术与传统绘画进行结合。在这个结合过程中产生了多种新的绘画方式和方法，这些方式、方法正逐渐改变着设计者的思维和创作方式。现今的数绘技术已可以将传统绘画中很难表现的视觉效果轻易地呈现在画布上，使得创作者的重心从对绘画技法本身的关注转向对画中内容的设计表现。

1.1.2　数字绘画与传统绘画的差异

在传统的绘画中，创作者追求的是绘画过程中使用绘画材料时的快感，注重的是个人艺术层面的追求和个人艺术素养的表现；而数字绘画强调的则是基于不同目的而进行的设计创作。简而言之，传统绘画是为自己而画，数字绘画是为他人而画。数字绘画在材料与载体、光感与质感、细节程度、色彩表现、修改与保存方式、创作思维、创作流程上都与传统绘画有着天壤之别。

1. 数字绘画节省材料，易于保存

数字绘画在计算机上虚拟了一个绘画的环境，其作品的生成除计算机硬件和输入设备外不需要物质媒介，这为绘画作品的创作带来了极大的便利，也节省了大量的画纸、颜料、画笔等绘画耗材。其次，数字绘画可以反复修改而不用担心像水彩画、水粉画那样"弄脏"画面。再次，在作品保存上，数字绘画也不会像传统绘画作品一样随着时间的推移而褪色、风化或开裂。

2. 数字绘画光感、质感表现力更强

在光感和质感表现上，数字绘画可依靠软件的图像处理功能将光影、质感合成到绘画作品中去，使得绘画在服装面料、金属质感、粗糙纹理上的表现空间大幅提升。图 1-3 所示是使用照片叠加的方式来绘制屋顶瓦片。这样的合成方式在实际工作中可以为我们设计项目节约大量的时间，并取得较为逼真、自然的视觉效果。

图 1-3　数字绘画在表现材质和肌理上具有一定优越性

3. 数字绘画细节表现力强

在细节表现上，传统绘画会受到起始画幅的限制，绘画者无法在绘画过程中更改画布尺寸，而数字绘画则可以让绘画者在绘画过程中随意放大画布尺寸。这就使得数字绘画可以通过不断放大画面尺寸并提升画面精度，将完稿作品中的细节表现得淋漓尽致。此外，数字绘画还可以让绘画者在绘画过程中随意更改画布长宽比，从而可以方便地对画面构图和视觉流程进行修正。

4. 数字绘画色彩表现空间大

在色彩表现上，数字绘画是基于加色混合模式来实现的，其色彩空间远大于使用物料色彩的传统绘画方式。所以，数字绘画可以表现更为绚丽、丰富、细腻的色彩。图 1-4 所示是著名概念设计师安德鲁·琼斯（Andrew Johnes）所绘制的作品。

图 1-4　著名概念设计师安德鲁·琼斯（Andrew Johnes）所绘制的作品

5. 数字绘画修改方便、无痕

在作品的修改上，传统绘画只能通过色彩的覆盖来进行画面的调整和修改，而数字绘画则可以利用图层、自由变形工具等非常便捷地对角色的配饰、服装、造型等进行修改和方案扩展。图 1-5 所示是角色造型设计，通过数绘方式可以快速地复制出多个角色，并修改成不同的设计方案。

图 1-5　快速、便捷地对设计方案进行修改是数字绘画的重要特点

6. 数字绘画"绘制"方法多样

在创作思维上，数字绘画的创作过程不局限于传统绘画的方式，照片合成、矢量合成、在三维模型上绘制、使用虚拟灯光创建画面布光等各种方式都使得数字绘画比传统绘画具有更多的创作空间。图 1-6 所示是结合 Photoshop、Illustrator 和 CorelDRAW 3 个软件绘制而成的数字绘画作品。

图1-6 结合Photoshop、Illustrator和CorelDRAW 3个软件绘制而成的数绘作品

作者：刘明

7. 进行数字绘画时需要有"承上启下"的思考

在工作流程上，传统绘画往往都是一个艺术家独自完成的作品，而数字绘画在很多领域中都只是某一个项目中的一个阶段，绘制者需要考虑前期方案规划和后续工作的开展。例如，在电影制作过程中，数字绘画承担着概念设计的任务，绘制者需要考虑前期剧本中的文字内容如何通过镜头表现，后期三维特效是否可以实现等方面的问题。图1-7所示是电影《霍比特人3 五军之战》中数绘的角色概念设计图。

图1-7 电影《霍比特人3 五军之战》中数绘的角色概念设计图

8. 数字绘画成本低

以漫画为例，纸质漫画不可避免地具有纸张成本、印刷成本、库存费用和运送费用等，而数字漫画虽然也具有编辑、版税等方面的费用，但多一个读者并不会增加额外的分销成本，所以数字绘画的作品在传播上成本低廉。

绘画在"人"，不在"工具"。数字绘画的出现并不代表着传统绘画方式的消亡，而是为绘画的创作开辟出了新的沃土。传统绘画中对造型、比例、结构、光影、体积等的构建与诠释在数字绘画中都得到了继承。在学习数字绘画过程中，切记不要过度迷信软件。软件和计算机、数位板等硬件只是取代画笔、画布的工具，掌握这些工具能让绘画变得便捷，但不能提升绘画能力，更不可能使一个艺术零基础的人成为设计师或艺术家。真正造就一个优秀设计师或艺术家的是高尚的艺术修养、丰富的经验、锐利的思维、执着的精神，而不是"工具"。

1.1.3 数字绘画的应用领域

现今，数字技术不断地与各种娱乐方式进行结合，形成一股不可抗拒的风潮，席卷了生活的各个方面。在这个背景下，数字绘画的应用领域也不断地被拓展出来。目前，在概念设计领域、平面设计领域、动画漫画领域，数字绘画都已形成了自己非常成熟的制作流程和制作标准。

1. 电影概念设计领域

随着近年来数字技术在电影制作中所占的比例越来越多，电影后期的制作成本也随之不断增加。如何在有限的时间、空间内让数字技术发挥最大效用成了电影创作者不得不面对的问题。为了解决这一问题，一个与数字特效制作相伴的影视艺术设计门类，即电影概念设计诞生了。电影概念设计是通过数字绘画、数字模型制作等方式在电影开拍前将剧本中的场景、角色，乃至情节转换成直观图像的设计过程。典型的电影概念设计图如图1-8所示，图中白线以上部分最终使用数字特效技术进行制作，白线以下部分使用实体场景搭建进行拍摄，白线为两者通过接景技术（Matte Painting）进行后期拼合的位置。为了不让拼合位置出现破绽，概念设计师在前景中设计了两盏雾光灯用于虚化接景区域。

图1-8 电影《变形金刚》中威震天出场第一个镜头的概念设计图

由此可以看到，电影概念设计不仅需要设计者具备美术表现力，还需要设计者理解电影后期的拍摄和制作需求。随着国产电影对后期特效的要求越来越高，我们也开始重视电影前期概念设计的制作。电影《三打白骨精》《狄仁杰——神都龙王》《一门忠烈杨家将》等影片的制作人员在前期的概念设计阶段都投入了大量精力进行制作，如图1-9所示。

图 1-9　电影《狄仁杰——神都龙王》概念设计图

2. 游戏概念设计

游戏概念设计与电影概念设计类似，是在游戏企划完成后，将企划文字内容转换成直观画面的过程。图 1-10 所示为三维游戏制作流程。图 1-11 所示为著名概念设计师尼古拉斯·布维尔（Nicolas Bouvier）为游戏《光环 4》中"长毛象"战车所制作的概念设计图。

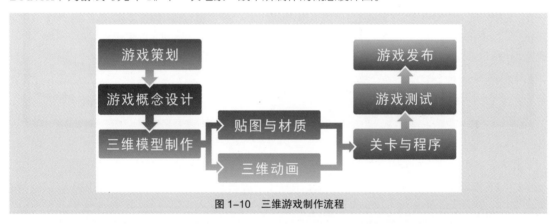

图 1-10　三维游戏制作流程

图 1-11　游戏《光环 4》中的概念设计图

在中国，游戏设计兴起于20世纪90年代中后期，因受到传统教育思想的束缚，在较长时期，我国的游戏美术设计的发展都处于停滞阶段。当游戏行业逐步在中国兴起时，游戏设计人才紧缺的问题也逐步变得尖锐。直至今日，游戏专业仍为当下就业最热门的专业之一。此外，随着iPad、iPhone等智能移动终端掀起的移动互联网平台时代的到来，网游、手游、次世代游戏等各种游戏模式趋向规范化、成熟化，游戏在当今的世界已是无时不在、无处不在，而虚拟现实游戏、增强现实游戏的出现又会使行业对美术设计人才有较大的需求，如何培养自己的专业能力以适应技术更新越来越快的社会，是每一个数字绘画学习者都需要关注的问题。

3. 平面设计、广告设计领域

平面设计领域主要指商业插画、包装插画、书籍插画等。平面设计领域是最早将绘画运用到产品宣传中去的媒介。从工业时代开始，绘画与平面设计就有着密不可分的联系。从书籍内部的说明性插图到包装品表面的装饰性插画，从广告宣传画到公共指示性插图，都大量运用到绘画这种表现形式。图1-12所示是耐克运动鞋的广告宣传画，使用数字绘画进行上色可以方便地对整体色调进行调整和渲染。

图1-12 耐克运动鞋的广告

此外，当消费从"功能至上"转向"审美至上"时，通过数字绘画来创造附加价值已成为了产品推广、营销最重要的手段之一。图1-13所示是使用数字绘画技术实现的iPhone手机壳设计。在选购iPhone手机壳的时候，保护性已不再是消费者最关注的地方，寻找到一个符合自己品味，体现自己个性的手机壳才是最重要的消费因素。

虽然印刷技术正被日益兴起的数字技术所取代，但"以图表意"的设计需求在数字媒介中得到了继承，无论是网页设计还是数字出版物设计都大量传承了原平面设计中对绘画这种形式的运用。图1-14所示是数字绘画在数字出版物中的应用。

4. 动画、漫画领域

动画、漫画产业被誉为21世纪最具发展潜力的朝阳产业，调查显示，中国动画、漫画市场具有1000亿元的潜在价值空间。随着《大圣归来》《赛尔号》等作品的出现，中国动画、漫画正依托着数字技术再次走向复兴。

过去的10年中，动画和漫画逐步完成了从传统二维纸媒动漫向无纸动画和无纸漫画的蜕变，这一蜕变使得动画具有更为广阔的表现空间，动画的制作更具效率、更便捷。

图 1-13　使用数字绘画技术实现的 iPhone 手机壳设计

图 1-14　数字绘画在数字出版物中的应用

　　在漫画领域，除少部分日式漫画仍旧采用手绘勾线外，其他漫画制作已完全数字化。图 1-15 所示是手绘漫画《风暴》中的画面。图 1-16 所示是数字漫画《女巫之刃》中的画面。相比之下，数绘漫画在光感表现、细节度和质感表现上远优于传统漫画。

图 1-15　手绘漫画《风暴》中的画面

图 1-16　数字漫画《女巫之刃》中的画面

　　我国坚持繁荣发展文化事业和文化产业，坚持把社会效益放在首位、社会效益和经济效益相统一，深化文化体制改革，完善文化经济政策。自 2006 年 4 月《关于推动中国动漫产业发展的若干意见》提出推动中国动漫产业发展的一系列政策措施以来，国内各地都陆续建设体现中国文化的动漫基地，助力中国动漫产业快速发展，以满足人民群众不断增长的精神文化需要和不断发展的市场需要。

　　5．其他领域

　　除了上述的数字绘画领域外，照片特效、可视化设计、图形交互界面等领域中都大量运用到了数字绘画的技术。图 1-17 所示是使用数字绘画完成的游戏特效图，将其连续播放就可制作成"动图"。这种"动图"在网页、游戏等媒介中被大量运用，未来需求量也会进一步上升。

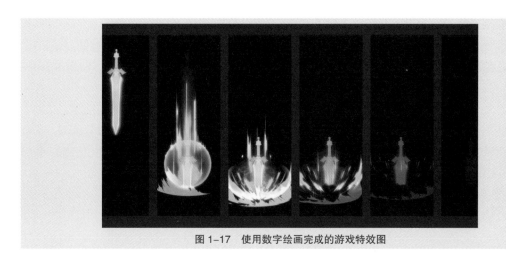

图 1-17　使用数字绘画完成的游戏特效图

此外，2000 年前后逐渐兴起的桌游类卡牌游戏也推动着数字绘画的发展。例如著名的桌游《三国杀》的牌面就使用数字绘画技术完成。图 1-18 所示是使用数字绘画完成的《Legend of the Cryptids》卡牌的牌面。无论是角色的造型、画面的氛围、空间的深度都通过数字绘画表现得淋漓尽致。

图 1-18　使用数字绘画技术完成的《Legend of the Cryptids》牌面设计

1.1.4　思考与练习

1. 绘画能力测试题。

练习说明：根据以下企划文案为写实风格游戏《中土传奇——精灵宝钻》设计一个角色——精灵武士。

企划文案：

该游戏是即时策略对战游戏，玩家可以在线操控多个英雄和部队进行对战。故事发生的世界中一共有 7 个势力，分别是：创世神族、精灵、人类、矮人、兽人族、巨人族、龙族。

卡隆（Caeron）是一个男性的辛达族精灵，居住在由雷斯班尼斯森林之中。与其他辛达族精灵一样，他有着尖尖的耳朵和金色的头发。此外，他是森林之王奥达隆（Aldaron）的得力干将。他的主要武器是一把长柄刀和一把精致的猎弓。他还有一匹名为"乌罗姆"的坐骑，乌罗姆是一匹有着安达卢西亚和汉诺威血统的母马。卡隆性格沉稳、坚毅、正面、积极，在部队中担任主力部队的指挥官，曾经指挥部队打赢了第一次降魔战争，击败了魔龙王格雷隆德。

卡隆还是很多女性精灵心中的白马王子，但最终他却爱上了人类公主路西恩，但他们之间的恋情并没有得到两个种族的谅解。因为辛达族是精灵中的贵族，一生只能有一个妻子，不能与短命的人类通婚。

练习要求：本次练习可以采用任何的绘画方式、任何绘画风格。请在设计开始前期提炼企划中对角色形象的文字描述，并在绘画过程中注意参考资料的收集和使用。本次练习是设计练习，不可以抄袭或临摹任何已有的角色造型设计方案。本次练习仅需绘制线稿，在构思阶段建议绘制多张缩略图，这样更能从整体上把握角色的动态表现。线稿范例如图 1-19 所示。

图 1-19　作业范例

2. 请收集一幅你喜欢的数字插画师的绘画作品。从造型、光影、色彩的角度来分析这幅作品，完成一篇 500 字左右的分析报告。

1.2　数字绘画设计师的职业素养

数字绘画设计师的职业素养

数字时代的到来，对绘画者来说是新的沃土，也是新的挑战。首先在手绘时代，掌握画笔、颜料、纸张的运用就掌握了绘画的基本工具；而如今在数字绘画中，掌握并熟练运用多种软件、计算机、数位板的难度远高于削尖一支铅笔的难度，对绘画者的技术素养要求与传统绘画相比有着天壤之别。其次，传统绘画虽然也被应用于书籍封面、电影海报等不同的媒体和领域中，但其制作流程、制作标准基本类似；而如今各领域中的数字绘画在制作标准、制作流程和最终展示媒介上都有着较大差异。例如，为某一部电影制作概念设计与为某一品牌制作宣传画，虽然使用的都是数字绘画技术，但在制作流程、制作方式和制作理念上完全不同。数字绘画的职业专业化程度相较于传统绘画来说更高。由此可见，在学习数字绘画前，了解数字绘画设计师所需要具备的职业素养就变得异常重要。

1.2.1 观察是创造的起点

　　如何让画布上所创造的角色看起来真实可信？如何让画面中重塑的光线看起来自然？如何让绘制的物体具备空间中的体积和存在感？如何赋予画面具有表现力的色彩？这些都来自于我们平时对现实中形、色、质、光、空间、运动、节奏的观察。图1-20所示是依据猎豹的照片而设计出机械猎豹。

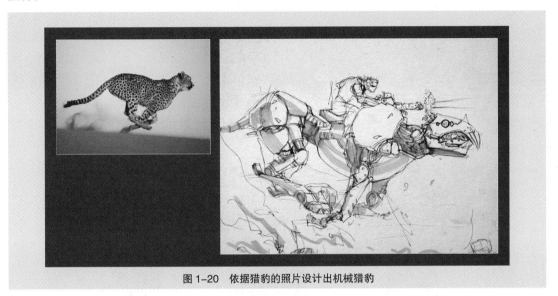

图1-20　依据猎豹的照片设计出机械猎豹

　　速写是提升观察力的最佳方式。对于数字绘画设计师来说，把观察变成习惯是非常重要的，这可以帮助你获得比普通人更强的造型灵敏度，发现他人未发现的事物。仔细分析、观察对象造型的各个要点，有助于在绘画时进行设计层面的重塑。提升观察能力最好的方式就是在业余时间绘制大量速写，因为速写会迫使画者去仔细地分析、研究、观察客观对象。此外，因为速写的时间有限，所以可以帮助画者对客观对象进行概括和提炼，这能更有效率地提升绘画能力。图1-21所示是速写本上的习作。速写本是对生活的记录、对生活的表述，我们可以通过这个小本子帮助自己关注时代的特点，保持自己对周边事物的敏感性。

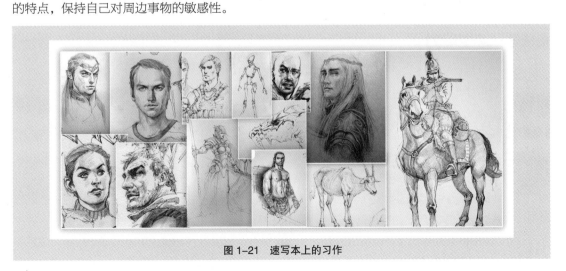

图1-21　速写本上的习作

1.2.2 想象力是归纳、重组和创造的源泉

在数字绘画的创作中，百分之百地临摹客观对象是没有意义的，因为当摄影技术出现后，使用摄影可以更好、更便捷地实现这一目的。所以，数字绘画的价值不是"逼真"而是"创造"。这就需要设计师具有丰富的想象力。想象力并不是完全的胡编乱造，而是建立在已有形象的基础上的。例如，对"狼人"的想象是建立在已见过"狼"和"人"的基础上的。

图 1-22 所示是概念设计师戴伦·巴特利所设计的角色。设计师将海洋中的生物、机械构造与人的造型结构进行结合，设计出非常具有表现力的角色。例如图 1-22 左图的角色使用了锤头鲨的头部造型，其颈部充满着海洋寄居贝壳，而肩部、手臂和背部的表皮则似乎覆盖着坚硬的机械构造。使用一根脊椎骨作为武器非常好地展示出原始、野蛮的造型特征。用鲨的造型作为角色腹部的防护盔甲很好地展示出了恐怖、诡异的效果。

图 1-22 概念设计师戴伦·巴特利的数字绘画作品

提升想象力的方式多种多样，知识的积累是非常重要的。多看小说、电影、设计作品可以对想象力的发挥起到一定的帮助作用。

1.2.3 造型能力

虽然数字绘画拓展了设计师的创作空间和作品表现力，借助软件的强大功能可以便捷地实现各种效果，但数字绘画对设计师美术造型能力的要求丝毫没有减弱。震撼的视觉效果、优美的画面、动人的情节都需要造型能力的积淀。观察和想象可以理解成是设计师将自己所见、所想进行整合、计算、提炼的"内化"过程，而造型能力则是设计师将自己脑海中的东西传达给观众的"外化"能力。造型能力越强，设计师的创作空间越大。

提升造型能力的方式有多种，以下是比较常用的 3 种。

（1）多临摹各种优秀的绘画作品。在临摹过程中，仔细分析画面的构图结构、造型方式、明暗控制、色彩布局等作为自己未来进行数字绘画创作的经验积累。

（2）在没有条件寻找绘画模特的时候，可以在观看电影或电视剧时按下暂停键进行速写临摹。这有助于学习"视角"在画面表现中的作用，并可以学习细腻的表情语言刻画。图 1-23 所示是电影

《波斯王子》中暂停的画面。这样的表情在现实中转瞬即逝，只有通过在暂停画面才能捕捉到。经常进行这样的练习可以帮助我们在创造自己的角色时，赋予其更真实生动的神情。

图 1-23　电影《波斯王子》中暂停的画面

（3）寻找一个较为写实的手办模型（树脂模型），并从不同的角度进行临摹，可以提高绘画时的空间感和体量感。图 1-24 所示是日本武将本多忠胜的手办模型。除了临摹外，通过相机从人和物的各个不同角度对其进行观察，可以提升绘画作品的镜头感。

图 1-24　日本武将本多忠胜的手办模型

1.2.4　掌握不同的绘画技巧与风格

在传统美术中，画家只需要掌握一种绘画材料和绘画风格就能成为优秀的画家，但在数字绘画领域，这是无法满足工作需要的。数字绘画的制作规范、绘画风格不是根据设计师个人好恶而定的，而是由项目的需要决定的。因此，水墨、古典油画、波普拼贴都有可能被使用到，所以学会不同的绘画技巧和风格对于数字绘画者来说尤为重要。例如，在游戏概念设计中，作品的风格是依据游戏项目的需要而进行选择的，同一家游戏公司会有多个不同风格的游戏项目同时进行制作。图 1-25 所示是法国育碧游戏公司（UBI SOFT）的设计团队为游戏《雷曼之起源》和《波斯王子》所绘制的概念设计图，从中可以看到两个游戏间有着明显的风格差异。能根据设计项目要求更改自己的绘画风格，能在短时间内快速地掌握另一种绘画风格，成为了设计师非常重要的职业素养之一。

图 1-25 掌握不同的绘画风格

1.2.5 快速的绘画效率

数字绘画和传统艺术的另一个区别在于"时间"。传统艺术往往没有明确的时间限制，艺术家可以根据自己的喜好慢慢地进行绘画创作，而数字绘画由于往往属于某一项目的一部分，一般都设置有"时间底线"。这就要求数字绘画设计师以更快、更有效率的方式进行绘画创作。因为绘画时间有限，于是就需要对数字技术进行充分的利用来提高绘画速度。照片拼接画法、素描上色画法都是为了提升绘画速度而产生的、特有的数字绘画方法，掌握这些方法也是数字绘画设计师重要的职业素养之一。

1.2.6 思考与练习

在本课程的学习期间，你需要每天完成一页 A4 尺寸的速写。在速写中你可以使用任何工具临摹、绘制、创作任何东西，每一页纸请画满而不是画一个对象，范例如图 1-26 所示。完成后请翻拍成电子文档，以绘画的日期对文件进行排序，并创建以"三位数 + 姓名 + 速写本"为名的文件夹，将文件放于文件夹内于课程结束时提交。

图 1-26 练习范例

第2章

数字绘画的创作工具

02

工具是一个时代技术和文明的标志。进入数字时代，绘画的工具也从传统的画笔、颜料、纸张演变为计算机、数位板、压感笔、数位屏等。掌握传统绘画工具，可能只需要老师几句话的点拨即可，而如今随着数字工具的使用越来越综合化、专业化，掌握数字绘画的工具、技巧、方法、载体属性、标准、流程已经是不可忽视的重要内容。本章主要讲述数字绘画的硬件工具和软件工具，以帮助初学者了解进行数字绘画创作所需要用到的工具及其特点。

概念设计师克雷格·穆林斯（Craig Mullins）通过数字绘画所创作的作品

2.1 硬件工具

硬件工具和
软件工具

对于数字绘画者而言，"技术"与"艺术"犹如一枚硬币的正反两面，缺一不可。"工欲善其事，必先利其器"，要真正认识与理解数字绘画就需要先熟悉其工具。

2.1.1 数位板与数位屏

数字绘画的产生要归功于近 30 年来数字技术的发展。1990 年，迪士尼公司使用 Wacom 数位板创作出第一部无纸长篇动画《美女与野兽》，使得数字绘画技术开始得到关注，如图 2-1 所示。

图 2-1　第一部使用数字绘画技术完成的动画片《美女与野兽》

数位板也被称为手绘板、绘图板，是利用电磁感应的原理定位光标的位置从而模仿在纸上绘画的方式。数位板与 Photoshop、Painter 等图像类、绘画类软件结合后，可模拟现实中画笔的侧锋、枯笔、浓淡等属性，可以还原出逼真的绘画效果，使传统美术在数字媒体平台上得到延伸。

数位板的主要参数有压力感应、坐标精度、读取速率、分辨率等，其中压力感应级数是最重要的参数。目前，市场上可购买到的数位板主要分为 4 个等级，即 1024 级（入门级）、2048 级（进阶级）、4096 级和 8192 级（专业级）。数位板的压力感应级数越高，绘画时定位越准确，记录的细节和层次越多。但对于刚入门的学习者来说，压力感应级数的差别对绘画作品的优劣起不到关键性作用，使用 1024 级或 2048 级已完全可以满足学习的需要。

除了数位板以外，数字绘制还可以通过数位屏来完成，如图 2-2 所示。数位屏的优点在于绘画直接在屏幕上完成，比数位板更直观、更接近传统的绘制方式，但与数位板相比，数位屏价格昂贵，分量沉重，不便于携带。

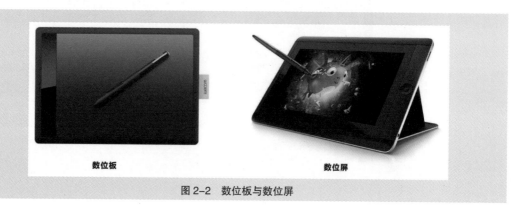

数位板　　　　　　　　　　　　　　　　数位屏

图 2-2　数位板与数位屏

2.1.2　计算机

数位板是计算机输入设备的一种，需要与计算机共同来完成数字绘画。计算机的性能直接决定了数字绘画时的流畅度。因此，准备一台性能较为优异的计算机才可以保证数字绘画工作的顺利进行。计算机性能由中央处理器（CPU）、主板、显卡和内存共同决定，下面我们就来详细介绍对数字绘画来说最重要的 CPU、显卡和内存。

● 一台符合数字绘画要求的计算机，CPU 一般采用英特尔酷睿 i5、i7 级别，这类处理器具有提高运算能力和虚拟化性能的能力，可以流畅地运行数绘类软件。此外，处理器还分为双核、四核、八核、十六核，核数越多 CPU 运算能力越强大，价格也越高昂。

● 在显卡选择上，符合数绘要求的最低限度是必须使用独立显卡，不可使用集成显卡。因为集成显卡的内存频率通常比独立显卡低很多，且两者在色彩还原度上存在较大差异，使用集成显卡会影响绘画的色彩表现。由于数字绘画并不同于三维渲染，对专业显卡没有特定的要求，所以一些性能较好的游戏显卡足以满足数字绘画的需要。

● 内存决定了计算机单位时间内的运算速度，内存越大，单位时间内可处理的数据量越多。建议在选购内存时，尽可能保证主机的内存在 8GB 及 8GB 以上。

计算机目前有 Windows 和 Mac OS 两个主要的操作系统。对于 Photoshop 这类主流绘画软件的使用来说，两者基本没有差异，但在一些小型软件和一些制作插件上，运行于 Windows 系统的软件远多于运行在 Mac OS 上的软件。例如，由国人自主开发的 Photoshop 水墨画笔插件就只能运行于 Windows 操作环境下。但 Mac OS 系统具有稳定性高、安全性高、色彩还原度高、屏幕分辨率高等特点。所以两个系统各有利弊。

2.1.3　移动媒体（智能手机、平板电脑）

在移动互联网时代，人们的生活已无法离开智能手机、平板电脑等移动媒体，很多过去依赖个人计算机（PC）完成的任务也逐渐向移动媒体转移。移动媒体的性能也逐步提升，目前使用 Retaina 技术的 iPad PRO 的屏幕分辨率已达到 2732 像素 ×2048 像素，甚至超过了很多 PC 显示器的分辨率。在这样的背景下，Autodesk 公司针对 iPad 开发了运行于移动媒体上的专业级数字绘画软件 Sketchbook Pro，使得在 iPad 上进行数绘成为可能。Wacom 公司也专门推出了针对 iPad 使用的专业级压感笔，如图 2-3 所示。在国内，华为公司推出的 Mate 20 智能手机也配有可以用于数字绘画的笔，且压感灵敏度已达到了 4096 专业级。

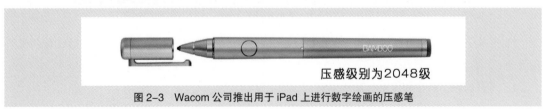

压感级别为2048级

图 2-3　Wacom 公司推出用于 iPad 上进行数字绘画的压感笔

2.1.4　数码相机

在当今的数字绘画过程中，照片的作用越来越显著。它既可以作为绘画时的参考素材，也可以作为绘画时所使用的肌理、材质贴图，甚至可以作为绘画的一部分经过处理后拼合到绘画作品中，从而提升绘画效率。因此，数码相机已成为了数字绘画不可或缺的重要工具之一。

2.2 软件工具

软件和硬件的组合共同构成了进行数字绘画创作的基础。经过多年的发展和不断更新、改良，数字绘画的软件也层出不穷，各有特色。在软件的选择上既需要考虑软件的特点是否符合绘画项目的需要，也需要考虑如何最大限度地发挥该软件的优势。此外，在落实实际项目时通常会涉及多个软件之间的相互协作，因此，对各软件的常用输出格式及特性也需要有充分的认知。

2.2.1　Adobe Photoshop

Adobe Photoshop，如图 2-4 所示，是由 Adobe Systems 公司开发的图像处理软件，是目前使用最广泛的数字插画制作软件之一。

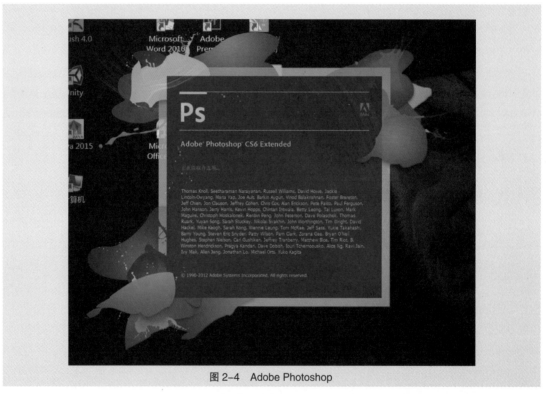

图 2-4　Adobe Photoshop

Photoshop 支持多种文档格式，且具有较好的兼容性。与其他绘图软件相比，其最显著的优势在于以下几点。

1. 丰富的画笔制作和设定功能

Photoshop 强大的自定义画笔功能使得用户可以根据自己的需要制作带有各种形状、肌理、图案、材质的画笔，从而使得数字绘画的质感表现异常丰富。图 2-5 所示是使用 Photoshop 绘制出来的各种画笔痕迹。此外，Photoshop 的部分画笔与数位板结合使用时，可以获得画笔侧锋的压感感应，实现更为真实的绘画体验，如图 2-6 所示。

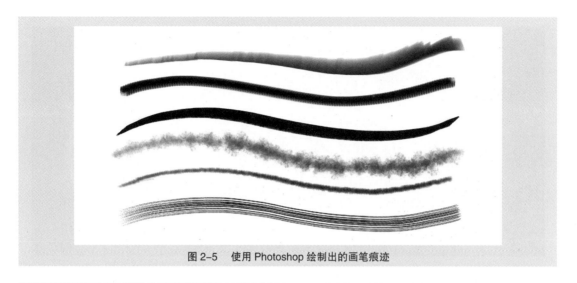

图 2-5　使用 Photoshop 绘制出的画笔痕迹

图 2-6　Photoshop 部分画笔可感应画笔的侧锋效果

2. 强大的图层功能

Photoshop 通过其强大的图层编辑功能，不但可以对绘画项目进行有效的管理和分类，而且可以使绘画的修改编辑变得便捷、高效。通过 Photoshop 中图层的"不透明度"属性，用户可以方便地管理上、下图层的融合度，通过"混合模式"属性可以方便地创造出各种色彩混合效果，这使得 Photoshop 在数字绘画方面形成了独特的优势。

3. 与其他软件良好的兼容性

Photoshop 是 Adobe 平面类设计流程解决方案中的一款软件，与 Adobe 公司开发的 Illustrator、Flash 等软件都有良好的兼容性，对各种图形、图像格式文件都具有编辑功能，并且自 CS3 Extended 版本起，Photoshop 都带有三维图层、视频图层功能，这使得我们在绘制带有透视结构的画面时，可以借助三维模型来制作透视参考、镜头参考并模拟环境光效，这大大降低了绘画的难度。此外，Photoshop 具有大量的外部插件，图 2-7 所示是外部开发的调色板插件，可以帮助初学者在绘制时，方便地选择各种色调。

图 2-7   Photoshop 外部开发的调色板插件，可辅助绘画

4. 强大的色彩调控功能

Photoshop 最初开发的目的是用于照片修饰、编辑，这使得它具备了远强于其他数绘软件的色彩编辑和调控能力。它可以从色彩三属性、色彩面积、色调等方面对画面中的色彩进行多维度、直观化的调整，使得数字上色在效率、效果、便捷度上都远胜于手工上色。

5. 材质制作能力

Photoshop 可以通过其各种滤镜功能的相互组合，创造出包括金属、火焰、水、混凝土等在内的各种材质肌理。图 2-8 所示是使用 Photoshop 所创造的材质质感。在绘画时，有效地利用这种质感创造能力可以提升画面的细节度和逼真感。Photoshop 的滤镜库除了默认的库以外，还可以从外部加载各种由其他开发人员制作的滤镜，使得很多特殊效果的实现变得异常便捷。

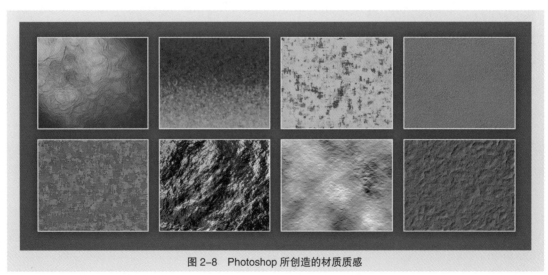

图 2-8   Photoshop 所创造的材质质感

2.2.2   Corel Painter

Painter 是一款由 Corel 公司推出的专为计算机美术绘画而开发的软件，如图 2-9 所示。Painter 在纯艺术绘画领域里有具有相当高的知名度，是目前最为完善的数字绘画软件之一。

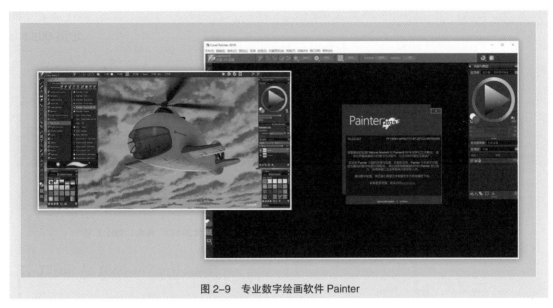

图 2-9　专业数字绘画软件 Painter

Painter 有以下几个特点。

● 具备"Natural Media"仿天然绘画技术，使得数字绘画与传统油画的调色过程和方式非常接近，对于已具备传统绘画经验的人来说，Painter 比 Photoshop 更容易掌握。Painter 具有专为模仿油画而设置的油画制作系统和专为模仿水彩画效果而设置的数字水彩特效，使得其在质感表现和笔触表现上更细腻、更真实。

● Painter 的图层结构简单，在创建文件时通过调整纸张颗粒度、吸水性等属性可以创造出各种仿真绘画的笔触肌理，如图 2-10 所示。

图 2-10　利用纸张肌理和画笔设置可模仿现实中的各种绘画笔触

2.2.3　SAI

SAI 是由日本 SYSTEMAX 公司开发的一款绘图软件，全名为 "Easy Paint Tool SAI"，如图 2-11 所示。

图 2-11　具有线条防抖功能的数绘软件 SAI

SAI 有以下几个特点。

● 主要用于日式漫画风格画面的绘制，比较容易绘制出带有调和效果的色彩。

● 绘制线条时具有防抖功能，可以使得线条流畅，适合以线来塑造形态的绘画方式。

● 该软件与 Adobe Photoshop 和 Corel Painter 专业级的软件相比，功能更为精简，更容易掌握，适合初学者和日漫爱好者使用。

2.2.4　Autodesk SketchBook

SketchBook 是著名三维设计软件开发公司 Autodesk 开发的一款专门用于 iPad 的绘画软件，具有界面简洁、功能强大、手绘模仿功能逼真等特点。SketchBook 提供了基于手势控制的用户界面，此界面构建于 Alias 的专利技术 Marking Menu 技术之上，拥有良好的人机工学系统。很多插画师将其用于草图的绘制和与客户交流时的现场演示，如图 2-12 所示。

2.2.5　ArtRage

ArtRage 又名 "彩绘精灵"，是由 Ambient Design 公司出品的一款袖珍型的绘画软件，如图 2-13 所示。其具有操作界面简单、容易学习等特点。ArtRage 附带的笔触类型、风格与 Painter 相似，可以模拟传统绘画的效果。ArtRage 除了有在计算机上运行的 PC 和 MAC 版本以外，还有应用于苹果手机和平板电脑的 iOS 版本，是绘制小型插画的良好工具。

图 2-12　Autodesk 公司开发的数字绘画软件 SketchBook

图 2-13　ArtRage（彩绘精灵）

2.2.6　其他辅助绘画软件

除了直接用于绘画的软件外，数字绘画还可以借助其他软件来辅助绘画。常用的辅助绘画软件可分为二维软件和三维软件。其中二维辅助绘画软件有 Illustrator 和 CorelDRAW，主要用于制作绘画中角色身上的服装、图案、矢量装饰性元素等，如图 2-14 所示。三维类软件有 3ds Max、Maya、MODO 等，主要用于绘制场景、机械结构时，制作三维空间透视和灯光的参考。图 2-15 所示是使用 MODO 为所要绘制的对象制作三维参考和灯光参考。此外，利用三维软件可以模仿出现实中不存在的镜头变形效果，使得画面更具有"临场感"。

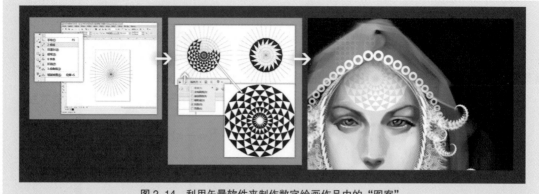

图 2-14　利用矢量软件来制作数字绘画作品中的"图案"

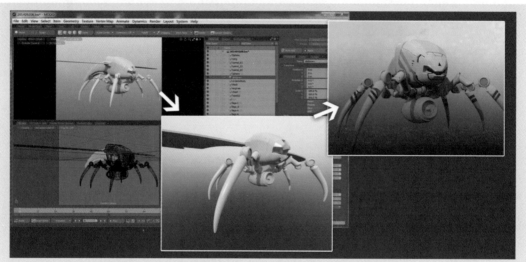

图 2-15　使用 MODO 为所要绘制的对象制作三维参考和灯光参考

2.3　思考与练习

1. 寻找一张明星的写真艺术照片，使用数字绘画的方式对其进行临摹练习。

2. 在完成临摹稿的基础上使用 Illustrator、CorelDRAW 等矢量工具制作矢量画笔和图形，并对原图进行重新构图创作，如图 2-16 所示。在制作过程中可收集概念设计师安德鲁·琼斯（Andrew Jones）的作品进行参考和研究，如图 2-17 所示。

练习的目的如下。

1. 本次练习分成两部分来完成，第一部分主要在于熟悉数字绘画的方式、方法，作为从传统绘画向数字转变的练习。

2. 临摹写真艺术照。可以帮助我们理解角色脸部的刻画及布光，对于在绘画中完美地表现艺术效果和形式美感有重要的作用，为在后续课程中进一步理解光线做铺垫。数字绘画设计与传统绘画的不同在于需要设计师掌握画面的"调度"，不仅仅是掌握对对象的调度，还需要掌握对光的"调度"。

3. 第二部分的目的在于培养设计师的抽象形式美感。速写和传统绘画都是基于具象对象的练习，但在实际工作中有很多对象、造型是需要依托抽象美感来进行设计的，例如交通工具、武器、道具、图案、空间的分割等。本练习的后半部分可以看成是对抽象形式感的训练。

图 2-16　作业范例　①作者：唐洁芸　②作者：徐榛寅

图 2-17　概念设计师安德鲁·琼斯（Andrew Jones）所绘制的作品

第 3 章

03

数字绘画基础

在数字绘画的基础学习阶段，学习者需要掌握画笔、图层、蒙版的运用，通过这部分内容的学习了解怎样做可以最大限度地发挥出数字绘画的优势。只有充分地掌握基础操作，才能使得未来的创作得心应手。本章将结合操作和案例分析来讲解 Photoshop 中数字绘画的基础操作。

韩国设计师金亨泰使用数字绘画所完成的角色设计

3.1 新建项目

启动 Photoshop 后，可以先将界面布局调整成数字绘画的布局。单击主菜单栏右侧的布局快捷选项，在其中选择"绘画"，如图 3-1 所示，完成后界面将调整为绘画布局。Photoshop 界面中各功能区如图 3-2 所示。

图 3-1　Photoshop 绘画界面布局调整

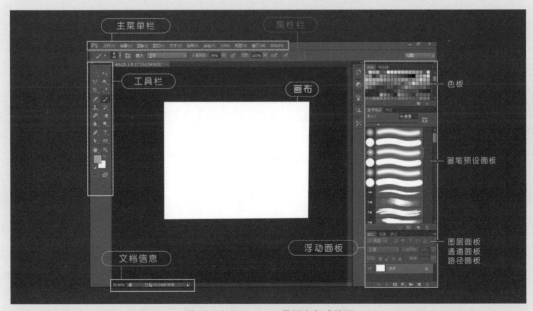

图 3-2　Photoshop 界面中各功能区

按"Ctrl+N"组合键可打开"新建"对话框，如图 3-3 所示。在其中可对文件的名称、大小、颜色模式、背景内容进行设置。

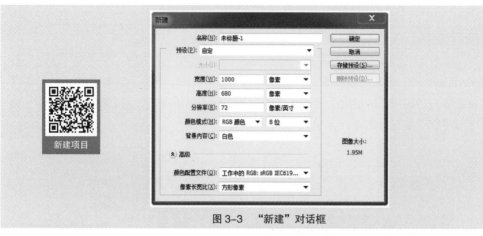

图3-3 "新建"对话框

此时需要注意以下几点。

1. 文件尺寸不宜过大

在开始绘制时，使用较小的尺寸可以加快计算机的运算速度，保证绘画的流畅性。在绘制到一定程度后，可再根据画面需要逐步提升画面精度。设置起始绘画尺寸可以将画布长边调整为1000像素左右。

2. 颜色模式的选择需要考虑作品最终呈现的形态

如果作品最终需要被打印出来，应该选择"CMYK"颜色模式，这可以使得印刷后的色彩还原度较高。如果文件只需要屏幕浏览，则可以选择"RGB"颜色模式，因为RGB色彩空间比CMYK更大，且色彩更为鲜亮，更具表现力。

3. 精度的选择与作品最终是否是用于打印输出有关

如果需要印刷输出，需要将精度设置为300像素/英寸；如果仅用于屏幕浏览，设置为72像素/英寸即可。

3.2 文件命名与管理

1. 按项目分类文件

在数字绘画的过程中，需要对文件进行有序管理。因为在工作中可能多个项目同时进行，而修改建议可能是在一周甚至更长的时间之后才获得，所以对数绘文件进行合理的分类管理非常重要。通常情况下可以按照"时间"+"项目名"的方式建立文件夹对文件进行分类，并按照"作品名"+"数字序列"的方式对文件进行命名，如图3-4所示。

2. 递进式保存

在数绘的过程中，需要经常按"Ctrl+S"组合键来保存文件，因为计算机可能在下一秒出现故障。此外，建议使用递进式保存，即每画一会儿就另存一个文件进行保存。首先，这样就可以在文件中随意合并图层来提升计算机的运算速度，而不用担心合并图层后会修改不便。其次，当客户希望修改某个局部时或需要绘制更多的衍生设计图时，设计者就可以调出过去某一状态的文件进行绘制，这可以节省大量的时间。

项目分类管理		递进式保存文件		
【20190105】机械虫子		jpg	2019/7/25 14:25	文件夹
【20190111】百花大教堂		参考	2019/5/18 9:12	文件夹
【20190223】DeNiro肖像		01	2019/5/18 9:19	PSD 文件
【20190430】中世纪山下城堡		girl01	2019/5/19 10:31	PSD 文件
【20190504】佐和山城		girl02	2019/5/19 11:05	PSD 文件
【20190508】Q版岛屿场景		girl03	2019/5/19 12:51	PSD 文件
【20190518】Q版菩提小子		girl03-恢复的	2019/5/21 14:37	PSD 文件
【20190526】尾火虎		girl05	2019/5/19 13:06	PSD 文件
【20190530】角木蛟		girl06	2019/5/19 14:06	PSD 文件
		girl07	2019/5/19 14:54	PSD 文件
		girl08	2019/5/19 17:11	PSD 文件
		girl09	2019/5/21 16:37	PSD 文件

图 3-4　对文件分类和命名

3.3　画笔属性设置

　　掌握画笔（画笔快捷键为 B，缩放画笔快捷键为 [和]）的设置是数字绘画学习的基础。选中工具栏中的画笔工具后，在画笔属性栏中可对画笔的笔尖形状、画笔色彩模式、不透明度等进行设置，如图 3-5 所示。在使用专业级的数位板时，部分画笔具有侧锋属性，如图 3-6 所示。我们可以在绘制时，通过数位笔的倾斜来调整这些画笔的笔尖形状，从而绘制出更为生动、自然的线条。

画笔属性设置
1

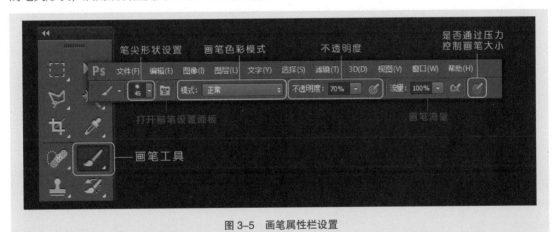

图 3-5　画笔属性栏设置

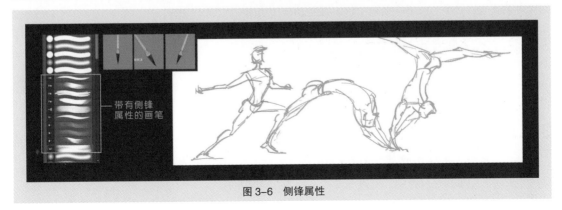

图 3-6　侧锋属性

3.3.1　画笔笔尖形状设置

1.　加载内置画笔

在 Photoshop 中，除了默认的画笔形状外，我们还可通过画笔预设面板加载更多的内置画笔，如图 3-7 所示。使用相同的方式可以追加其他的内置画笔。

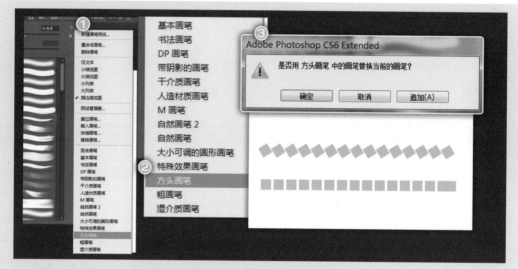

图 3-7　加载更多内置画笔

① 单击画面右侧的下拉式菜单按钮"　"。
② 在其中选择"方头画笔"选项。
③ 完成后会打开确认对话框。单击"确定"将替换现有画笔，单击"追加"将在现有画笔下方追加方头形状的画笔。

> **注意：** 同时加载过多的内置画笔会降低绘画的效率，所以良好的画笔整理习惯对于数字绘画非常重要。当需要复位画笔时，可以单击"　"按钮，在下拉菜单中选择"复位画笔"，将画笔还原到初始状态。

2.　自定义笔尖形状

除了软件内置的笔尖形状外，我们还可通过自定义画笔的方式自定义笔尖形状，如图 3-8 所示。执行主菜单的"编辑">"定义画笔预设"命令，即可将当前的文件创建为自定义画笔。使用"定义画笔预设"时，Photoshop 会将当前文件所有图层中的内容轮廓定义为笔尖形状，因此需要先删除文件中默认的"背景"，不然画笔形状将调用画布形状。

3.3.2　画笔软硬设置

在画笔笔尖下拉菜单中可对画笔软硬进行设置，如图 3-9 所示。硬度数值越接近 100%，所绘制的笔痕边缘越实；硬度数值越接近 0，所绘制的笔痕边缘越虚。

3.3.3　笔迹形状设置

单击画笔属性栏中的"　"按钮可打开画笔面板。在这个面板中我们可对画笔的形状、大小、动态方式和间距等属性进行更为精确的设置，如图 3-10 所示。

图 3-8 自定义笔尖形状

① 使用 Photoshop 中的钢笔工具，也可使用 Illustrator 或 CorelDRAW 等矢量图形软件先绘制完成笔尖图形。此时需注意保证背景为透明。

②、③ 执行主菜单"编辑">"定义画笔预设"命令，在弹出的对话框中对新建的画笔进行命名，并单击"确定"按钮。

④ 打开笔尖形状选择菜单，在其最下方是新建的画笔形状。

⑤ 使用新建画笔绘制出笔画痕迹。

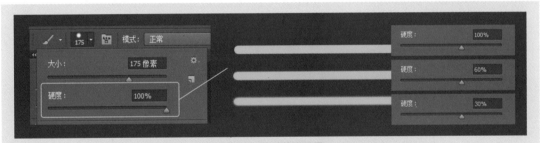

图 3-9 画笔软硬设置

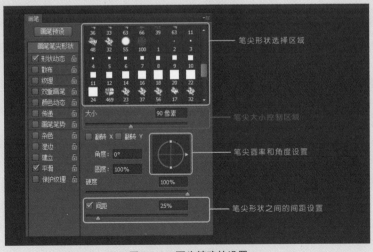

图 3-10 更为精确的设置

1. 虚线绘制

在画笔面板中，激活"画笔笔尖形状"一栏。滑动"间距"滑杆，就可以控制笔尖形状之间的间距。通过画笔的"间距"属性可以绘制虚线，如图3-11所示。

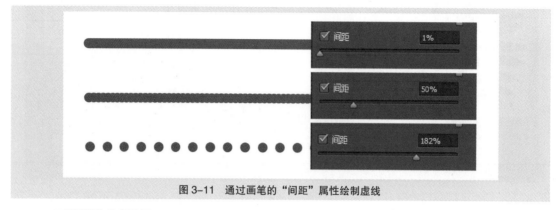

图3-11　通过画笔的"间距"属性绘制虚线

2. 画笔形状动态设置

在画笔面板中，勾选并激活"形状动态"，可绘制出带有随机边缘肌理的画笔痕迹，如图3-12所示。此外，在其中每一项的"控制"下拉列表中可以选择"渐隐""钢笔压力""钢笔斜度"等方式来控制对应的属性。

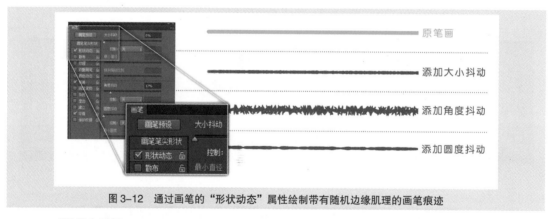

图3-12　通过画笔的"形状动态"属性绘制带有随机边缘肌理的画笔痕迹

3. 画笔散布设置

在画笔面板中，勾选并激活"散布"，可设置画笔的散布和数量属性，如图3-13所示。

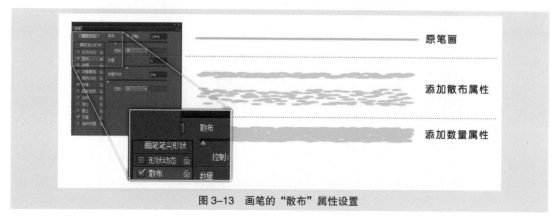

图3-13　画笔的"散布"属性设置

4. 添加画笔纹理

在画笔面板中，勾选并激活"纹理"选项可对画笔添加纹理属性，如图 3-14 所示，可以方便地模仿出皮肤纹理、铁锈肌理等材质，使得数字绘画具备更为丰富的、真实的细节。

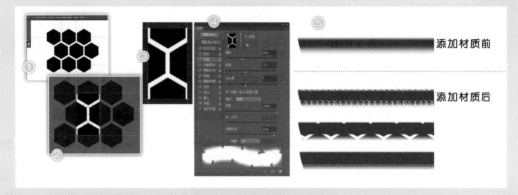

图 3-14　对画笔添加纹理属性

① 使用多边形工具先绘制出需要的图形。
② 使用裁切工具对图形进行修剪。
③ 制作成四方连续的基本图形。
④ 执行主菜单"编辑">"定义图案"命令，将裁切完成后的基本图形定义成图案，并在画笔面板中"纹理"一栏进行加载。
⑤ 通过修改纹理绘制出画笔痕迹。

3.4　图层设置管理

在进行数绘项目制作时，需要按照不同的项目特点进行图层的分层管理。常用的分层方式有以下 3 种。

1. 按"高光""填充色""阴影"进行分层

按"高光""填充色""阴影"分层的好处是方便后期对"高光""阴影"进行单独的色彩调整，如图 3-15 所示。这种分类方式的优点在于可以单独调整对象的暗部色彩倾向和亮部色彩倾向。将明暗单独分在独立的层上。还可以通过修改高光图层和阴影图层来调整对象的光照效果。

2. 按对象的部件进行分层

以人物绘制为例，可单独将头发、皮肤、眼睛、服装等部件分别放置于不同的图层中，如图 3-16 所示。这样分层的好处是在单独修整这些部件时，不会影响其他的内容，并且可以在后期方便地使用图层剪切蒙版（详见 3.5.2 节）对这些图层添加不同的纹理。

3. 按"前景""中景""背景"进行分层

按"前景""中景""背景"分层的方式常被用于绘制场景概念设计和一些三维影片的数字插画。这种分层方式的好处是可以按照空间的远近来调整不同距离上对象的虚实关系以增加镜头感，如图 3-17 所示。

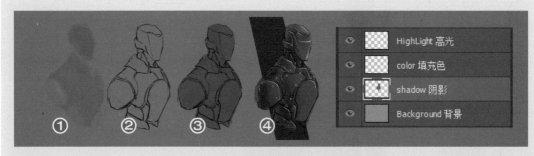

图 3-15 按"高光""填充色""阴影"分层

① 绘制出大概造型。
② 根据基本形设计出机械角色的造型线稿。
③ 新建一层，并绘制出填充色。
④ 在该图层上方新建阴影图层和高光图层，并绘制相应内容。

图 3-16 按对象的部件分层

图 3-17 按"前景""中景""背景"分层

3.4.1 图层命名方式管理

对图层应用色彩标记和命名标记是一种非常有效的管理技巧，如图 3-18 所示，它使得绘画者可以快速地找到对应图层。因为在数字绘画时，图层会累积得越来越多，虽然可以通过"合并图层"的方式来减少一些不必要的图层，但有时为了方便修改不得不保留大量的图层。所以，为图层添加色彩标记并拟定一个醒目的名字可以节省大量找图层的时间。

图 3-18　对图层应用色彩标记和命名标记

3.4.2　图层混合模式设置

理解并合理地运用图层混合模式可以方便地为作品添加色彩。

1. 使用"正片叠底"保留描边线

在数字绘画时，有时需要保留线稿，并在线稿基础上进行上色，此时就可以将线稿图层设置为"正片叠底"，如图 3-19 所示。使用正片叠底后，线稿中的白色会被去除而黑色线稿会被保留。

图层设置管理2

图 3-19　使用"正片叠底"保留描边线

① 在图层面板中，将线稿图层移动到最上层，并设置图层的混合模式为"正片叠底"（Darken）。

② 此时，可以看到原图层中的白色部分消失了，仅留下了黑色的线稿。

③ 在线稿图层下方创建阴影（shadow）与高光（Highlight）图层，并绘制上相应的色彩，可以看到新绘制的色彩并没有被线稿图层中的白色背景覆盖。

2. 使用"颜色""叠加"和"柔光"为素描稿上色

在素描稿图层上方新建一个图层，将其图层模式设置为"颜色"，即可在不影响明暗关系的基础上对画面进行上色。图层混合模式中，"颜色"主要用于绘制对象的固有色，"叠加"和"柔光"可以用于绘制金属色、环境反光色等，如图 3-20 所示。

图 3-20　使用"颜色""叠加"和"柔光"为素描稿上色

①绘制完成的素描稿。

②在素描稿上方新建一个图层，将其混合模式改为"颜色"，并绘制对象的固有色，此时色彩不会覆盖原有画面中的明暗效果，仅会改变色相属性。

③完成后，在"颜色"图层的上方再新建一个混合模式为"叠加"的图层，使用金色绘制角色身上的铠甲，可以看到铠甲变成带有金属质感和光感的色彩。

④在所有图层的上方新建一个混合模式为"柔光"的图层，调整一下画面的整体色彩基调。

3.5　蒙版的应用

在数字绘画中，会大量地使用到图层蒙版命令。在 Photoshop 中有 3 种图层蒙版类型，即图层蒙版、剪切蒙版和矢量蒙版。

3.5.1　图层蒙版

图层蒙版是最常用的一种蒙版方式，可以被理解为在已有图层上放了一张透明的玻璃片。蒙版只具有黑、白、灰的亮度色彩属性，涂黑的地方代表不透明，即看不见当前图层中的内容；涂白色代表该区域是透明的，可以看到当前图层上的内容；涂灰则代表蒙版为半透明。它的功能类似于 Photoshop 中的橡皮擦工具，可以将该图层中不要的部分去除，但与橡皮擦不同之处在于橡皮擦一旦超出历史记录是无法撤销与恢复的，而图层蒙版可以在任何时候对其进行修改。图 3-21 所示是使用图层蒙版在画面中的角色手上添加"火焰"的方法。单击图层面板下方的"🔲"按钮，即可创建图层蒙版，使用黑、白两色的画笔可以控制"火焰"在画面中的大小。

3.5.2　剪切蒙版

图层剪切蒙版是将下方图层中的内容作为上一图层的蒙版，下方有图形的位置可以实现绘制，没有图形的位置则无法实现绘制，这种方式常用于叠加上色、添加质感、图案叠加。图层剪切蒙版的使用如图 3-22 所示，角色身上的布纹质感就是使用剪切蒙版的方式进行添加的。

图 3-21　图层蒙版的使用

①拍摄一张火焰的照片。

②使用通道将照片中的火焰与背景分离后拖入绘画作品中。

③创建图层蒙版，按键盘中的 D 键，使前景色和背景色恢复到黑白状态。选择画笔工具，擦去多余的火焰。

图 3-22　图层剪切蒙版的使用

图层剪切蒙版的创建方法如下。

① 将鼠标指针移动到两个图层当中的位置，按住 Alt 键，当鼠标指针变成 "⬛" 图形时，单击鼠标左键即可创建图层剪切蒙版。

② 选中上方图层，按 "Alt+Ctrl+G" 组合键就可以将该图层创建为剪切蒙版。

3.5.3　矢量蒙版

矢量蒙版是创建矢量图形时所生成的蒙版。矢量图形的特点是使用自由变换对图像进行缩放时，不会降低图像精度，且可以通过 "⬛"（直接选择工具）对其节点进行调整。使用图形工具、钢笔工具等矢量图形编辑工具可以绘制和编辑矢量蒙版。

1. 请在 Photoshop 中设置画笔来模仿烟雾、火焰、树等效果，如图 3-23 和图 3-24 所示。制作出烟雾、火焰、树等特殊效果的材质画笔有很多种方式。这个练习的目的在于通过尝试画笔面板中的不同设置来了解每一项设置所对应的属性和功能。设计不仅仅是创造对象，还需要探索创造对象的最佳"方法"。

思考与练习

画树

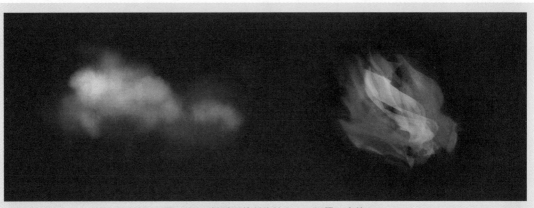

图 3-23 材质画笔制作练习——烟雾、火焰

图 3-24 材质画笔制作练习——树

2. 选择且只能选择一种武器道具，并使用数绘的方式来设计其剪影造型，如图 3-25、图 3-26、图 3-27 所示。剪影造型练习是延续上一个阶段对于抽象形式感的练习。通过研究如何把"影子"设计得美观来探索"形式美"规律在实际设计中的应用。在设计过程中，请注意形式美感的产生是基于"对比"（差异性）和"统一"（秩序性）来实现的，两者是共生关系，只有同时存在才能形成"美感"。造型越复杂，则规律性需要越强。

武器设计练习也是一个小型的设计项目体验。需要读者发挥自己的想象力，来创造一个富有创意，但同时又"合理"的武器。设计永远都在权衡"美"与"功能"之间的关系，两者缺一不可。这个练习也是对这种关系的一种探索和尝试。

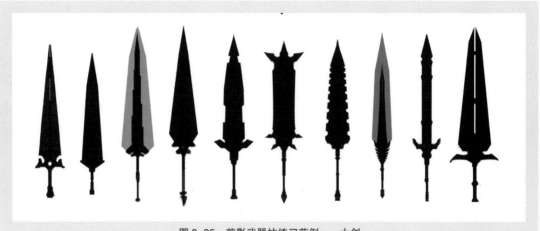

图 3-25 剪影武器的练习范例——大剑

图 3-26 剪影武器的练习范例——单手斧

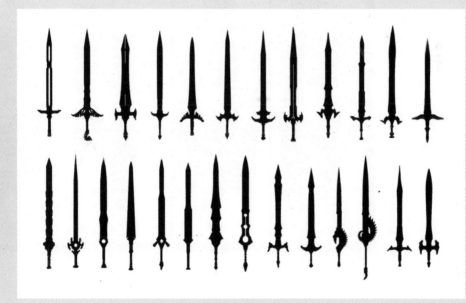

图 3-27 剪影武器的练习范例——剑

04

第 4 章
表现效果实战

在过去的 20 年中，人们完成了从印刷时代向数字时代的转变，这种转变提升了人们对审美的需求。与印刷时代相比，数字时代重要的视觉特征是质感、光感、色感。本章正是围绕着材质、光影、色彩这三种表现效果，讲述其在数字绘画中的表现与应用。

美国电影美术大师戴伦·巴特利使用数字绘画设计的角色

4.1 数字绘画的肌理、材质表现

从古典主义油画到当代的数字绘画，肌理与材质的表现一直是绘画中不可回避的重要议题，即使绘画被移植到数字平台上，材质的重要性也并未衰减，反而与日俱增。因为它不但承载着对象的细节和真实感，而且承载着形式审美的展现。在纯艺术中，"美"是服务于个人的，而设计中的"美"是服务于观众、受众、用户或玩家的，它会随着时代的发展而改变，会随着服务对象的倾向、喜好的变化而改变。例如，当苹果公司推出带有金属质感和科技感的铝银色、玫瑰金手机时，它改变的不仅仅是产品本身，还有大众对于时尚材质的定义。因此，掌握材质和肌理的表现是数字绘画重要的组成部分。

4.1.1 表皮肌理与材质表现

在数字绘画中，表皮肌理可以通过以下两种方式方便地实现。

1. 贴入表皮肌理图片

在绘制过程中，我们经常面对大量的表皮肌理，例如角色特写时脸部的皮肤、爬行类动物的表皮颗粒、服装上的皮革纹理和图案等，如果逐一使用默认的画笔工具进行绘制将耗费大量的制作时间。使用贴入表皮肌理图片的方式来进行制作则可以节省出大量的精力，如图 4-1 所示。

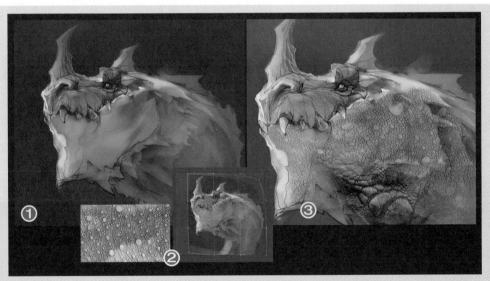

图 4-1　使用贴入表皮肌理图片的方式为作品添加肌理

① 使用画笔工具结合套索工具绘制完成基本的素描稿。
② 将一张肌理的图片拖入画面中并去色，将该图层的图层混合模式设置成"叠加"或"柔光"。选择"自由变换"命令（组合键"Ctrl+T"），单击其属性栏的网格变形按钮"▦"，对材质进行调整。
③ 创建图层剪切蒙版，擦除多余的肌理。

一些肌理图片可以通过摄影获得，另一些可以通过 Photoshop 中的滤镜功能制作获得。首先对前景色和背景色进行设置，如图 4-2 所示；然后使用染色玻璃波镜创建 Alpha1 通道，如图 4-3 所示；再使用相同的方式创建其他 4 个通道，如图 4-4 所示；最后将肌理贴入角色中，如图 4-5 所示。

使用滤镜制作纹理

贴入表皮肌理图片

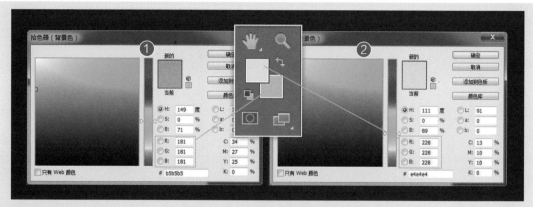

图 4-2　对前景色和背景色进行设置

① 新建一张宽 500 像素、高 400 像素的画布。

② 设置背景色为（R:181 G:181 B:181），设置前景色为（R:288 G:288 B:288）。

图 4-3　使用染色玻璃滤镜创建 Alpha 1 通道

① 进入通道面板，单击新建通道按钮"　"新建一个 Alpha 1 通道。

② 执行"滤镜" > "纹理" > "染色玻璃"命令，在弹出的菜单中将各参数设置成图中的值。

③ 完成后单击确定，可以看到此时通道面板中 Alpha1 通道发生的变化。

④ 画布中所显示的 Alpha1 通道的效果。

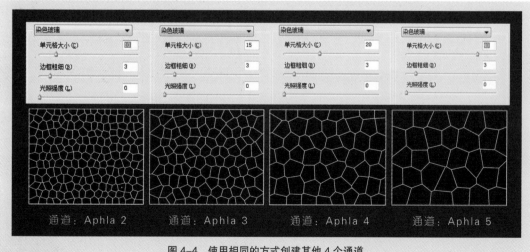

图 4-4　使用相同的方式创建其他 4 个通道

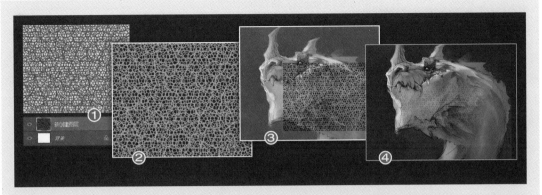

图 4-5 将肌理贴入角色中

① 按住 Ctrl 键单击 Aphla 1 通道缩略图，调出通道中的选区，回到图层面板中单击新建图层按钮""新建一个图层，并使用背景色进行填充。使用相同的方式将 Aphla 2、Aphla 3、Aphla 4、Aphla 5 通道中的内容填入新建图层后将得到①中的图像。

② 按"Ctrl+I"组合键执行"反相"命令，获得②中的图像。

③ 将完成后的肌理拖曳至需要添加肌理的数字绘画作品中。

④ 将图层透明度降低，并使用图层蒙版擦除多余的肌理。

2. 使用自制表皮肌理的画笔进行绘制

我们可以先绘制出一个基础图形，然后将其定义成画笔，再通过调整画笔的间距、压感和虚实来控制画面中的肌理，如图 4-6 所示。这里需要注意的是，画笔画出来的肌理永远是平面的肌理，空间的透视仍旧需要使用"自由变换"命令来实现。

使用画笔制作肌理

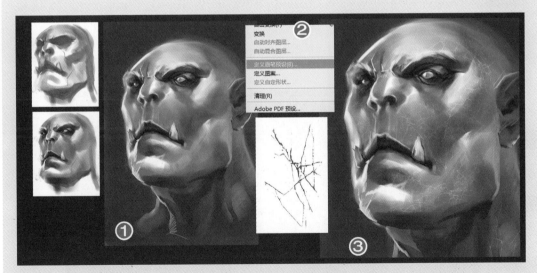

图 4-6 通过调整画笔来控制画面中的肌理

① 先绘制完成角色的基本稿。

② 绘制一个画笔的笔尖形状图形，这里使用了一个碎玻璃的图形。

③ 将这个图形定义成画笔，执行"编辑" > "定义画笔预设"命令。在所有图层的最上方创建一个新图层，并将其图层混合模式设置为"叠加"。选择刚才设置的画笔形状，调整画笔间距和角度属性，进行绘制。

毛发画笔的
绘制

4.1.2　毛发肌理与材质表现

在本节中主要讲述角色毛发的绘制。毛发的绘制大多使用画笔来实现。图 4-7 所示的是不同的毛发画笔所绘制出来的痕迹。在实际绘制毛发时，最重要的是绘制出毛发的体积、质感和光影，而不需要表现出每一根毛发。注意毛发的虚实关系可以使画面变得更为生动。一般来说，毛发接触皮肤的位置相对比较虚，毛发蓬松、高起的位置比较实。毛发的绘制如图 4-8 所示。

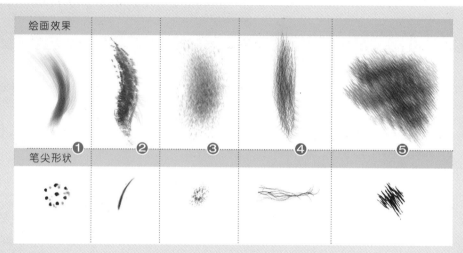

图 4-7　不同毛发画笔所绘制出来的痕迹

① 这种画笔常用于绘制较为柔顺的女性头发。
② 这种画笔常用于绘制短而硬的毛发，例如带有深浅花纹的猫科动物的短毛。
③ 这种画笔常用于绘制织物表面的细小短毛肌理，例如毛毡帽子、旧毯子、马的皮毛等。
④ 这种画笔主要用于绘制较干、较硬的毛发，例如男人的长胡须等。
⑤ 这种画笔主要用于绘制较长一些的动物皮毛，例如熊、狼的毛等。

图 4-8　毛发的绘制

① 使用基础画笔中的"硬边圆压力不透明度"画笔绘制出角色的脸部和头发的基本形态、体积和受光。
② 使用图 4-7 所示的①笔尖形状画笔绘制女性头发的细节。

4.1.3　金属肌理与材质表现

金属质感的对象在我们日常生活中十分常见，从各种手工工具到大型机械产品、工厂建筑等。我们要重点掌握金属肌理与材质的表现。

1. 金属材质的特点

（1）在灯光照射下，金属材质具备较亮的高光和漫反射光。如图 4-9 所示，左边是一个黄铜材质的对象，右边是一个樱桃木材质的对象。从中我们可以看到，金属对象的高光与漫反射要亮于木材。

图 4-9　黄铜材质与樱桃木材质的对象

（2）金属的表面比较光滑、均匀，除一些特殊加工的金属材质外，很多金属表面接近于镜面。在表现这种材质时，可以使用套索工具和渐变工具来快速构建概念设计草稿，如图 4-10 所示。

图 4-10　使用套索工具和渐变工具快速构建概念设计草稿

（3）金属材质的对象更容易受到环境色的影响，在绘制时要时刻注意表现环境色对它的影响才能绘制出更为真实的金属材质。概念设计师 Chin Ko 为《星球大战——原力释放》绘制的场景概念设计图如图 4-11 所示。图中表现了飞船内部的场景，从中可以看到环境光在金属质感的飞船地面上形成。

图 4-11　概念设计师 Chin Ko 为《星球大战——原力释放》绘制的场景概念设计图

2. 金属材质的绘制

金属材质分为黑色金属和有色金属。黑色金属（铁、铬、锰等）并非绝对的黑色，而是指以原色为主的金属。有色金属（金、银、铜等）的色彩更为艳丽。

金属的绘制需要根据具体金属的特性来表现。不同的金属材质具有不同的固有色、高光和反光色，如图 4-12 所示。

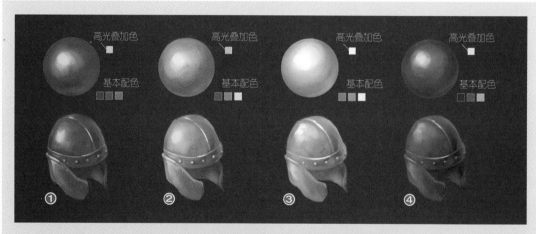

图 4-12　不同金属材质具有不同的固有色、高光和反光色

① 黄铜：黄铜的色彩偏暖黄，色彩比黄金更深一些，氧化的部分会出现铜绿色，高光部分会比较集中。
② 黄金：黄金的色彩偏冷黄。黄金不容易氧化，高光部分会异常鲜亮。
③ 银：银的色彩偏冷白，受光后会反光出一些偏蓝的色彩。
④ 铁：铁的色彩比较重，因为铁容易生锈，所以会产生斑驳的黑色，有时会有一些偏暖灰。

3. 金属材质贴图的制作

（1）金属材料的纹理制作，如图 4-13 所示。新建一张 1024 像素 ×768 像素的画布。按 D 键切换前景色与背景色到默认状态。随后通过云彩和基底凸现滤镜来自动生成随机的纹理。

黄金材质的制作

图 4-13　金属材料的纹理制作

①执行菜单"滤镜">"渲染">"云彩",形成云彩效果的纹理。

②执行"滤镜">"滤镜库">"素描">"基底凸现"效果。在属性栏面板中,将"细节"设置为"15",将"平滑度"设置为"1"。

（2）黄金材质贴图的制作,如图 4-14 所示。在完成金属纹理的基础上,使用图层混合模式中的"颜色"（Color）和"叠加"（Overlay）可制作出黄金材质的贴图。

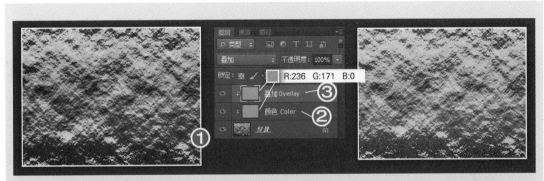

图 4-14　黄金材质贴图的制作

①先制作出金属材料的纹理,详见图 4-13。

②在制作完成的图层上方新建一个图层。按"Ctrl+Alt+G"组合键创建图层剪切蒙版,如果文件中还有其他内容的话,将不受影响。将前景色设置为（R:236 G:171 B:0）。按"Alt+Delete"组合键使用前景色进行填充。将图层模式设置为"颜色"（Color）。此时,下方图层的明暗效果被保留了下来。

③在所有图层上方再新建一个图层。按"Ctrl+Alt+G"组合键创建图层剪切蒙版。再次使用相同的前景色进行填充,并将图层模式设置为"叠加"（Overlay）。此时,可以看到画面中形成了耀眼的光感。

（3）白银材质贴图的制作,如图 4-15 所示。在完成金属纹理的基础上,使用调整图层中的"渐变映射"（Gradient Map）和图层混合模式中的"叠加"（Overlay）,配合适当的颜色可制作出白银的材质贴图。

（4）铁材质贴图的制作,如图 4-16 所示。在完成金属纹理的基础上,使用图层模式中的"正片叠底"（Darken）和"叠加"（Overlay）制作铁的材质贴图。

（5）拉丝金属贴图的制作,如图 4-17 所示。拉丝工艺是一种金属加工工艺,常被用于表现带有科技感的机械表面。在 Photoshop 中使用"添加杂色"滤镜和"动感模糊"滤镜就能模仿出拉丝金属的材质。

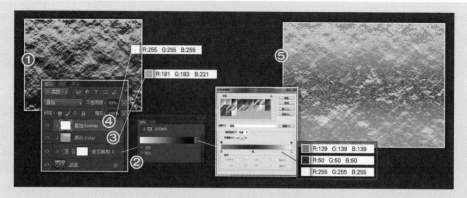

图4-15　白银材质贴图的制作

① 先制作出金属材料的纹理，详见图4-13。

② 单击图层面板下方的"■"（调整图层）按钮，在打开的上拉式菜单中选择"渐变映射"（Gradient Map）命令。双击属性面板中的黑白渐变区，打开渐变调整面板，对其进行设置。将色彩调整成"灰（R:139 G:139 B:139）→黑（R:0 G:0 B:0）→白（R:255 G:255 B:255）"的渐变色。

③ 完成后在上方新建一个图层。按"Ctrl+Alt+G"组合键将该图层设置为图层剪切蒙版。将前景色设置为粉蓝色（R:181 G:183 B:221）。将该图层的图层混合模式设置为"颜色"（Color），并使用硬度为10%的画笔进行绘制。

④ 完成后在上方再新建一个图层。按"Ctrl+Alt+G"组合键将该图层设置为图层剪切蒙版。将图层混合模式设置为"叠加"（Overlay），使用白色（R:255 G:255 B:255）进行填充。将该图层的不透明度设置为"43%"，不要使色彩过亮。

⑤ 最终设置完成后的效果。

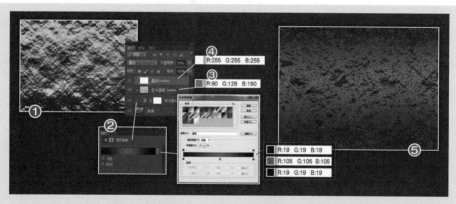

图4-16　铁材质贴图的制作

① 先制作出金属材料的纹理，详见图4-13。

② 单击图层面板下方的"■"（调整图层）按钮，在打开的上拉式菜单中选择"渐变映射"（Gradient Map）命令。双击属性面板中的黑白渐变区，打开渐变调整面板，对其进行设置。将色彩调整成"深灰（R:19 G:19 B:19）→浅灰（R:105 G:105 B:105）→深灰（R:19 G:19 B:19）"的渐变色。

③ 完成后在上方新建一个图层。按"Ctrl+Alt+G"组合键将该图层设置为图层剪切蒙版。将前景色设置为蓝灰色（R:90 G:126 B:150）。将该图层的图层混合模式设置为"正片叠底"（Darken），并使用带有10%透明度的画笔进行绘制，给材质绘制一层淡淡的色彩。

④ 完成后在上方再新建一个图层。按"Ctrl+Alt+G"组合键将该图层设置为图层剪切蒙版。将图层混合模式设置为"叠加"（Overlay），使用白色（R:255 G:255 B:255）进行填充。将该图层的不透明度设置为"73%"。

⑤ 最终设置完成后的效果。

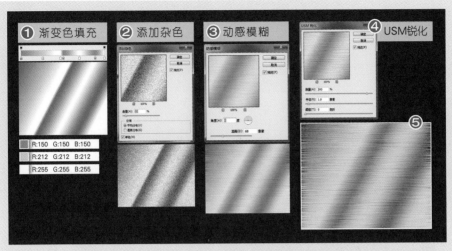

拉丝金属材质
的制作

图 4-17　拉丝金属材质的制作

①　新建一张尺寸为 400 像素 ×500 像素的画布，并设置渐变填充对画笔进行填充。其中，渐变主要使用深灰（R:150 G:150 B:150）、浅灰（R:212 G:212 B:212）、白（R:255 G:255 B:255）。

②　执行"滤镜">"杂色">"添加杂色"命令，在弹出的面板中，将"数量"设置为"35%"。

③　执行"滤镜">"模糊">"动感模糊"命令。在弹出的面板中，将"角度"设置为"0"，"距离"设置为"68 像素"。此时可以看到，画面中已出现拉丝的肌理。

④　执行"滤镜">"锐化">"USM 锐化"命令。在弹出的面板中，将"数量"设置为"300"，使拉丝效果更为明显。

⑤　最终设置完成后的效果。

4.1.4　液态肌理与材质表现

水的材质特点
与绘制 1

液态肌理与材质是相对比较难绘制的对象，因为没有固定的形状，且大部分液态材质都具有一定的透光性，在光照下会形成相对比较复杂的光线结构。在绘制液态材质前，我们应先找到大量的参考素材，分析这类液态材质的特点和结构。

绘制液态材质时，可以从明暗、虚实和颜色 3 个层面来进行分析。这里以水的绘制为例进行介绍。

1．水的材质特点

（1）明暗。处于水中的对象和处于水外的对象颜色深浅是不一样的，当绘制一个静态的"湖面"或"海面"时，可以将其理解成一个"镜面"。水的镜面倒影如图 4-18 所示，但这个镜面并不是完全地还原出水外的对象，而是会因水的波纹、水的浑浊而衰减掉一些色彩。

图 4-18　水的镜面倒影

（2）虚实。水的虚实优先考虑画面的主次关系。可以把画面理解成通过一个长焦镜头看对象，先看什么后看什么就通过画面的虚实关系来控制。图4-19所示是美国概念设计师阿隆·里莫尼克（Aaron Limonick）的数字绘画作品，画面通过虚实的表现创造出海底的纵深空间感。此外，水外的对象一般都要比水内的东西更"实"，除非假设的视角是在水里，如图4-20所示。当视角处于水中时，水内的对象更实，水外的倒影往往折射出水波的造型而支离破碎。此外，当角色处于水中时，眼睛中往往不会形成"高光"。

图4-19　美国概念设计师阿隆·里莫尼克（Aaron Limonick）的数字绘画作品

图4-20　视觉在水里

（3）颜色。水是很容易被光线穿透的材质，如图4-21所示。在绘画时，需要时刻注意材质的颜色变化。

图4-21　水是容易被光线穿透的材质

① 中的水中放入了一个绿色的物体，可以看到整杯水都形成偏绿的色彩。

② 中将绿色物体换成黄色的柠檬时，水的色彩又都偏向于黄色。

2. 水材质的绘制

水质感的角色如果纯粹靠绘画较难实现，因为现实中很难找到对应的参考物。使用 Photoshop 中的"玻璃"（Glass）滤镜和"塑料包装"（Plastic wrap）滤镜可以将一些绘制完成的角色转换为水的质感。先使用钢笔工具将绘制完成的角色抠出并与背景分离，如图 4-22 所示；再进行水材质的制作，如图 4-23 所示。

图 4-22　使用钢笔工具将绘制完成的角色抠出并与背景分离

在完成的角色明暗稿的基础上，使用钢笔工具将角色抠出，按"Ctrl+J"组合键将对象分离到一个新的图层上。

图 4-23　水材质的制作

① 在图层下方新建一个黑色图层，将此文件另存为一个名为"材质"的 PSD 文件。
② 在滤镜库中选择"玻璃"后的下拉按钮"▣"载入纹理。
③ 使用"渐变映射"命令，填入水的颜色。

在绘制水面时，先绘制出水平面的整体色调，再绘制出各个元素的水中倒影，如图 4-24 所示。

除此之外，现实中还存在很多肌理与材质效果。我们只有在平时养成仔细观察，以及收集和整理纹理素材的习惯，才能在绘画时事半功倍。图 4-25 所示是现实中各种不同的金属纹理，这些纹理可以根据需要灵活地运用到数字绘画中。图 4-26 所示是现实中各种不同的石材纹理，在场景绘制时，为了模仿出真实的效果会大量运用、参考石材纹理。通过对这些材质的学习和表现，我们可以使自己的数字绘画作品具有更广的表现空间。在绘画时，遇到一些特殊材质，也可以借助一些三维软件的内置材质库来分析不同光照情况下这种材质的变化。图 4-27 所示是使用三维软件 MODO 中的材质球作为绘画时的质感参考。

图 4-24　水中倒影的绘制

① 先绘制出基本的水面色彩稿。

② 将树的图层复制后执行"编辑">"变换">"垂直翻转"，创造垂直方向上的镜像图形。

③ 使用涂抹工具，将强度数值设置为"88%"，后进行涂抹，创造出波纹的造型。

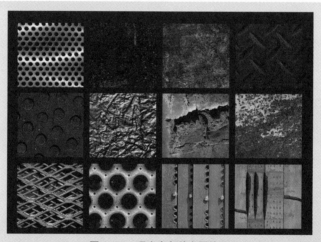

图 4-25　现实中各种金属纹理

图 4-26　现实中的各种石材纹理

图 4-27　使用三维软件 MODO 中的材质球作为绘画时的质感参考

火的材质特点　火的材质特点　火的材质特点　火的材质特点　火的材质特点　火的材质特点　火的材质特点　闪电的绘制
与绘制 1　　与绘制 2　　与绘制 3　　与绘制 4　　与绘制 5　　与绘制 6　　与绘制 7

4.2　数字绘画光与影的表现

数字绘画光与
影的表现

　　在数字绘画中，光与影是构建色彩、空间，塑造形体的重要因素。随着绘画从纸张转移到数字媒介上，对光影的控制和表现也变得更为细腻。在现实世界中，因为有了"光"我们才能看到万物。对"光"的进一步应用、理解和诠释造就了广阔的艺术表现空间，光与影也是数字时代最重要的视觉特征之一。掌握光与影的绘画表现、理解光线的传播原理对数字绘画的艺术表现非常重要。图 4-28 所示是马来西亚数字绘画师 FeiGiap Chong 所绘制的具有光影效果的场景。对于一个画中的对象来说，物体的外形、材质、体积、色彩，物体与物体之间的距离都与"光影"有着密不可分的关系。认识光与影是走入"艺术殿堂"的重要一步。

图 4-28　马来西亚数字绘画师 FeiGiap Chong
所绘制的场景

4.2.1 光与影的基础知识

对观看者来说，是什么让作品的内容引人入胜？是什么让作品的空间活灵活现？是什么营造出了欢快、忧伤等情感？无论我们身处在世界的哪一个地方，都处于一个被光与影包围的空间中，分辨对象的形态、质感、距离、空间、体积、重量、色彩都依赖于环境中的光与影。数字绘画中的光影不是对现实世界的描摹，而是根据企划、剧本对角色、场景进行归纳、重塑。这种归纳、重塑是基于文化层面、理性层面和审美层面的。

1. 光与影具有象征性含义

在文化层面，"光"带有积极的象征意义，象征着正义、光明、美好；"影"则携带着黑暗、邪恶等含义。图 4-29 所示是不同光效的弓箭手角色设计图，因为光效的关系，左侧的弓箭手相比右侧的看起来更为"黑暗"。这些含义在数字绘画中被广泛使用。图 4-30 所示是英国概念设计师詹姆斯·莱曼（James Ryman）为索尼在线游戏设计的概念设计图，图中使用了逆光令角色的主要部分处于"影"中，塑造出了邪恶的主题。图 4-31 所示是俄罗斯设计师帕维尔·米哈伊尔连科（Pavel Mikhailenko）所绘制的名为《NASTRA 15》的数绘作品，图中使用了明亮的光照效果，形成欢快、愉悦的感觉。

图 4-29　不同光效的弓箭手角色设计图

图 4-30　英国概念设计师詹姆斯·莱曼（James Ryman）为索尼在线游戏设计的概念设计图

图 4-31　俄罗斯设计师帕维尔·米哈伊尔连科（Pavel Mikhailenko）所绘制的名为《NASTRA 15》的数绘作品

2．有光必有影，有影必有光

光与影是对比关系，也是共生关系。如果需要在画面中表现较小的光源，环境就需要暗。图 4-32 所示是著名概念设计师图奥马斯·科尔皮（Tuomas Korpi）的数绘作品，画面中压暗了环境中的光线以衬托出圆形物体的光感。此外，不同物体表面会形成不同的光照效果，同样也会形成不同的阴影效果，如图 4-33 所示。图中木头瓶子的投影比较容易理解，距离近则投影实，距离远则投影虚；玻璃瓶子的阴影由于瓶体的弧度使得中央部位的光线更容易穿透，所以投影两侧颜色较深，而当中则被照亮。

图 4-32　著名概念设计师图奥马斯·科尔皮（Tuomas Korpi）的数绘作品

图 4-33　不同材质会形成不同的明暗效果，也会形成不同的阴影

3. 审美与绘画表现

（1）光影是区别视觉层次的主要因素。光影对比应主要集中于主体物、视觉中心、造型结构，而对于画面中其他对象的亮度反差可进行弱化处理。数字绘画中可以通过构建光影的强弱对比来规划作品的视觉顺序。图4-34所示是红色能源工作室（Red Steam Art Studio）的数绘作品，作品中使用了轮廓光，将明暗对比最强烈的部分放置于角色外形的塑造上，以更好地衬托出前后空间感和造型结构。

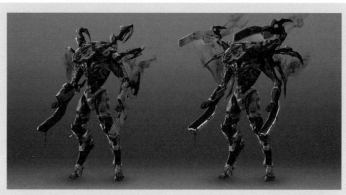

图4-34 红色能源工作室（Red Steam Art Studio）的数绘作品

（2）在表现画面纵深空间时，距离越近，光影对比越激烈；距离越远，光影对比越柔和。图4-35所示是著名CG概念设计师克雷格·穆林斯（Craig Mullins）所绘制的数绘作品，作品中利用光影的对比强度来塑造出层层深入的前后空间感。

图4-35 著名CG概念设计师克雷格·穆林斯（Craig Mullins）所绘制的数绘作品

（3）当光照射到物体时，会形成3种不同的结果：光线反射、光线吸收和光线折射。这3种结果取决于物体的材质属性，如图4-36所示。其中，光线反射又分成了镜面反射和漫反射。镜面反射是光直接照射到对象上形成的"高光"，漫反射是光线照射到环境物后，由环境物反射到对象上的光，如图4-37所示。除了材质外，镜面反射与漫反射还受到环境光的影响。当环境中的光源强烈且有明显的方向时，比较容易形成强烈的镜面反射，例如阳光明媚的环境、点光源、平行灯光的环境。漫反射经常出现于光源分散且光照比较均匀的环境中，例如阴雨天、霓虹灯下、柔光灯下等。

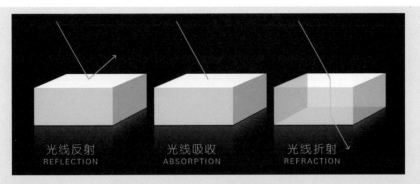

图 4-36　光线反射、光线吸收和光线折射

反射性材质：各种金属、喷有高光漆的各种物品、抛光塑料、瓷器等。

吸收性材质：木材、亚麻质地的面料、大部分植物、带有皮毛或羽毛的动物、橡胶制品、岩石、亚光漆涂料的物品等。

折射性材质：玻璃、水、液体、琥珀、钻石等。

图 4-37　镜面反射与漫反射

（4）光源面积大小与作品的氛围塑造之间的关系。小光源适合在画面中塑造神秘、紧张、恐怖、压抑、凝重、力量感，大光源适合在画面中塑造柔美、温和、光明、开放、正气的视觉效果。图 4-38 所示是概念设计师杰森·陈（Jason Chan）为卡牌游戏完成的数绘作品，左图中使用较小光源来表现恶魔天使，右图中使用较大的光源来表现正义天使。在游戏和电影的概念设计中，角色的概念设计大部分会使用大光源的方式，尽可能将角色的各个细节表现清楚，以便于后期制作，而氛围稿则会使用一些小光源来营造情调。

图 4-38　概念设计师杰森·陈（Jason Chan）为卡牌游戏完成的数绘作品

（5）光源方向与主题塑造之间的关系。不同方向的光源表现的主题不同。

● 逆光与轮廓光的组合主要用于表现对象的外形结构。

● 侧光可以将角色塑造得更有立体感。

● 顶光常用于模仿户外环境，或使得画面具有开朗、活跃的气氛。

● 底光常用于表现狭隘的空间，增加画面紧张、凝重、恐怖的感觉。

● 双面光主要用于表现角色的神情。

4.2.2　光与影的数绘技法

1. 直接绘制法

绘制出基本造型轮廓后，首先确定光的来源方向，如图 4-39 所示，图中将光的方向设置为左侧偏上的位置。在绘制光效时，可以把光照射到物体上理解为一盆水撒到物体上，会被水泼到的位置就是迎光面，不会被泼到的位置就是阴影，按照这样的方式就可以为对象添加光影效果，如图 4-40所示。完成后，需要考虑反射光的影响。在画面中如果背景是白的，光照射到环境后会反射到物体上，当环境为黑色时，就不会形成反射光，按照这样的方式为画面添加反射光，如图 4-41 所示。

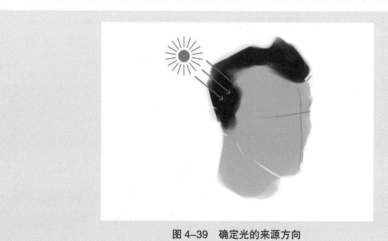

图 4-39　确定光的来源方向

图 4-40　添加光影效果

① 在与光照相反的位置上绘制阴影。

② 进一步细化角色的各个细节，并在面向光源的方向上添加高光。

数字绘画基础与项目实战（微课版）

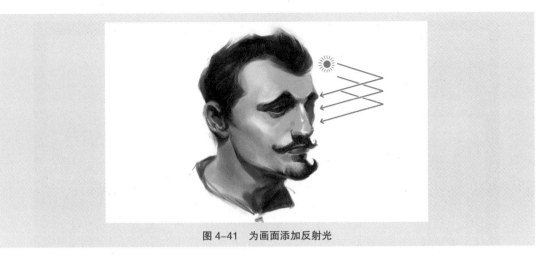

图 4-41　为画面添加反射光

2. 使用叠加方式添加光源

在数字绘画中，使用叠加方式添加光源可以通过两种途径来实现。

● 通过将画笔属性设置为"叠加"的方式来绘制光源，如图 4-42 所示。这种方式无须新建图层，直接在原有图层上进行光线的绘制即可。

图 4-42　通过将画笔属性设置为"叠加"的方式来绘制光源

① 选择"柔边圆压力不透明度"画笔。这种画笔绘制出来的边缘较虚较均匀，容易使绘制的色彩与周边颜色形成无缝拼接。

② 在画笔的属性栏中选择"叠加"模式。

③ 将前景色设置为黄色（R:247 G:235 B:98），降低画笔透明度到 20% 左右，在需要添加光源的位置进行涂抹。

● 使用图层混合模式中的"叠加"模式来添加光源，如图 4-43 所示。使用这种方式需要在绘制的图层上方新建一个图层，并将其图层混合模式设置为"叠加"或"柔光"，其优点在于后期可以修改编辑光效而不影响原先绘制好的画面。

3. 使用三维软件创造场景光线参考

数字绘画中可以通过三维制作软件来模拟光线参考，图 4-44 所示是使用三维软件 MODO 制作的模型和灯光参考。这可以快速地帮助绘画者建立光线与空间之间的关系。此外，还可以通过调整虚拟摄像机的焦距来模仿广角镜头与长焦镜头产生的不同透视效果，如图 4-45 所示。

图4-43 使用图层模式中的"叠加"模式来添加光源

① 使用模式为"正常"的图层直接绘制。虽然可以形成明暗效果，但无法形成耀眼的"光芒"。

② 在绘制完成的图层上方新建一个图层，将其图层模式设置为"叠加"。设置前景色为橙色（R:231 G:82 B:35），使用"柔边圆压力不透明度"画笔进行绘制。此时，可以看到画面中的色彩感觉被橙色的光芒所笼罩。

③ 再次新建一个图层。选择一个带有粗糙肌理的画笔，设置画笔的"动态形状""散布"等属性，制作出雾的绘画效果。在画面中添加雾气，来渲染氛围。

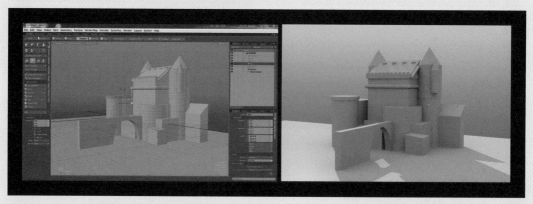

图4-44 使用三维软件 MODO 制作的模型和灯光参考

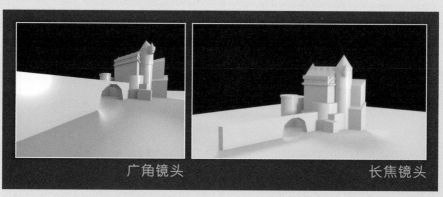

广角镜头　　　　　　　　　　　　　　　　　　长焦镜头

图4-45 通过调整虚拟摄像机的焦距模仿不同透视效果

导出渲染图后，可以进入 Photoshop，根据三维模型进行进一步的设计与绘制，如图 4-46 所示。在绘制时，注意通过黑白对比的强弱来区分空间的前后关系。

图 4-46　根据三维模型进行进一步的设计与绘制

4.3　数字绘画色彩表现

熟悉光影表现是学习色彩绘制的基础。色彩是光影接触物体后最终的外露形态。色彩与光影均是数字绘画中重要的情感元素，也是表现戏剧性的重要途径。因此，在学习色彩时，不应将其简单地与光影分离开来学习，而应该时刻思考两者之间的相互作用和关系。

数字绘画色彩
表现

4.3.1　色彩的基础知识

1. 插画的色调表现

色彩是画面情感表现的重要因素。色彩之间不同的组合，构建了画面中的欢快、悲伤、忧郁、激动等各种情绪。在数字绘画的学习中，需要时刻注意掌握色调的表现，学习通过色调进行情感、氛围的传达，而不只是绘制一张"有色"的画面。

在现实世界中，我们经常可以看到不同色彩的物体被笼罩在一片金色的阳光中，或在大雪天笼罩在相同的白色雾气之中。这种在不同颜色物体上形成相同色彩倾向的色彩就被称为"色调"。色调是一幅绘画带给人的整体性的色彩感受，是观看者对画面整体的色彩认知。色调的形成来自 4 个因素的影响，即亮度、色相、饱和度、面积。

色彩亮度决定了画面中光与影的效果。在人眼中，视杆细胞决定了人对亮度的感知，视锥细胞决定了人对色相的感知。虽然这两者的信息对于大脑来说都是在一瞬间所产生的，但由于视杆细胞的数量远多于视锥细胞，所以人要区分单个物体的前后空间关系更依赖于明暗的感知而不是色相。因此，优先布局画面中的明暗对于构建大型空间关系具有积极的意义。图 4-47 所示是育碧公司为游戏《贝奥武夫》CG 动画所设计的数字绘画稿，画面中利用明暗的对比来创造震撼的视觉效果。

色相决定了画面的冷暖、情感氛围，例如：

● 红色可以让人产生危机、恐惧、热烈、兴奋感；

● 黄色可以让人产生愉悦、轻浮、华丽感；

● 绿色可以让人产生生机勃勃、自然的感觉；

- 蓝色可以让人产生平静、安宁的感觉；
- 黑色可以让人产生凝重、深沉的感觉。

色彩饱和度决定了画面艳丽程度。饱和度越高，给人的感觉越兴奋、越不稳定，色彩越不容易融合到一起；饱和度越低给人的感觉越消极、越稳定，色彩越容易融合。色彩饱和度对比如图 4-48 所示。

图 4-47　育碧公司为游戏《贝奥武夫》CG 动画所设计的数字绘画稿

图 4-48　色彩饱和度对比

在大多数情况下，一幅数字绘画中往往携带着大量的色彩，一幅插画的色调是多种色彩互相搭配的结果。图 4-49 所示是美国概念设计师阿隆·里莫尼克（Aaron Limonick）的数字绘画作品，两幅作品中分别使用冷暖两种基调来构建画面的整体色调。画面中各种元素原本都有自己的固有色，但当其处于某一"环境"中时，请不要忽略环境色对其的影响。

色彩在不同民族中都具有不同的象征性含义。例如，红色在东方象征喜庆、生命诞生、幸福美满，而在西方象征暴虐、祭奠，深红代表妒忌，粉红代表健康。黄色在东方象征崇高、光辉、壮丽，而在西方黄色象征卑劣、绝望。白色在东方象征死亡、祭奠，而在西方代表纯洁和喜庆。

不同民族对色彩审美都具有不同的倾向。例如，日本的民族色彩与中国的民族色彩相比就更为柔和，具有鲜明的调和属性。西方在使用补色对比时，更倾向于使用黄、蓝的配色组合，而东方更倾向于使用红、绿的配色组合。所以，配色不仅需要考虑画面的美感，还需要我们对所绘制内容的历史、人文背景有一定程度的了解，这可以让我们的设计更为准确地捕捉受众的心理预期。

图 4-49　美国概念设计师阿隆·里莫尼克（Aaron Limonick）的数字绘画作品

2. 色彩绘制的要点

以下是进行色彩绘制时需要注意的几个要点。

● 色彩不是孤立存在的，环境色会影响对象的固有色，使其发生色相偏移。比如相同的红色在不同背景下，会形成不同的色彩感受，如图 4-50 所示。当发现画面中一个色彩不协调时，很有可能出问题的不是这个色彩本身，而是它与环境色的关系。

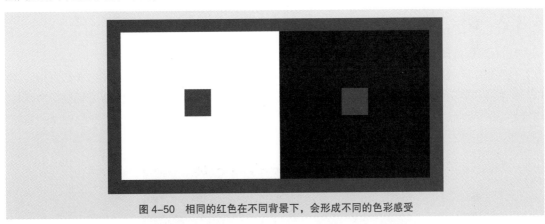

图 4-50　相同的红色在不同背景下，会形成不同的色彩感受

● 造型边缘的虚实会影响色彩饱和度的视觉效果，造型边缘越碎越虚，色彩会显得越淡。

● 冷色调的色彩会产生后退感，暖色调的色彩会产生前进感，如图 4-51 所示。

图 4-51　冷色产生后退感，暖色产生前进感

● 人眼分辨亮度反差的能力远高于分辨色相反差的能力，当两个亮度一样、色相不同的色彩放在一起时，其形状的边界将变得模糊，使人产生不适的感觉，如图 4-52 所示。图①中每个圆形都保持与背景相同的亮度，图②中圆形的色彩亮于背景。因此，在数字绘画时，优先考虑由光影形成的亮度对比可以更好地完成画面的布局。

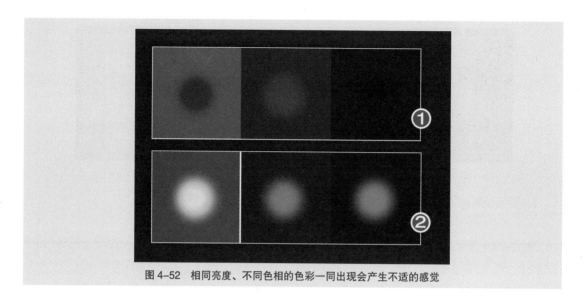

图 4-52　相同亮度、不同色相的色彩一同出现会产生不适的感觉

4.3.2　数绘上色技法

1. 在色板面板中添加更多颜色

当开始绘制色彩时，首先需要做的是将 Photoshop 的界面调整成方便绘制色彩的模式。执行"窗口">"色板"命令可以打开色板面板。色板面板的功能类似绘制水粉画时的调色盒，它可以更为直观、便捷地选取各种颜色，如图 4-53 所示。在默认情况下，色板画板中只会存在少量的 RGB 或 CMYK 基础色。单击其右上角的下拉式菜单可以为色板面板添加更多的颜色，如图 4-54 所示。

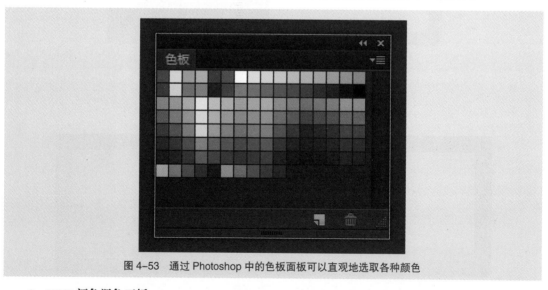

图 4-53　通过 Photoshop 中的色板面板可以直观地选取各种颜色

2. HSB 颜色调色面板

在绘画时，我们经常需要在不改变色相的情况下更改该色彩的饱和度和亮度，这时就会使用到 HSB 颜色调色面板。执行"窗口">"颜色"命令可以打开颜色面板，如图 4-55 所示。在默认情况下，颜色面板为 RGB 滑杆。在这种情况下，很难通过拖曳滑杆来进行调色。单击面板右上角的下拉

式菜单，在其中选择"HSB"。使用 HSB 颜色调色面板的优点在于只需要拖动相应滑杆，即可很方便地对前景色的 3 个色彩属性（色相、饱和度、亮度）中的任何一个进行调整，如图 4-56 所示。

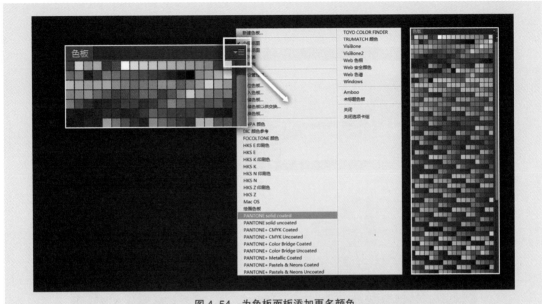

图 4-54　为色板面板添加更多颜色

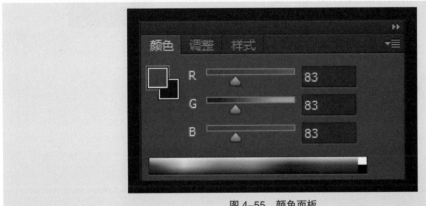

图 4-55　颜色面板

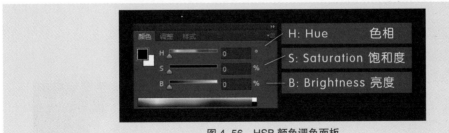

图 4-56　HSB 颜色调色面板

3. 使用明暗与色相分离的方式进行绘制

在进行数字绘制时，因为色彩可以通过"颜色""叠加"和"柔光"等图层混合模式重新获取，所以可以将明暗的绘制与色彩的绘制进行分离，先绘制明暗稿，再进行上色处理。图4-57所示是先完成的明暗稿。使用这种方式可以有效地降低绘画难度，在绘画的前半段排除色彩的干扰后可以集中精力来设计造型、空间和光影，后半段再在明暗稿的基础上进行色调的设计，如图4-58所示。

图4-57　先完成的明暗稿

① 使用黑白色块来进行画面中的布局设计。
② 细化山体、建筑和瀑布。
③ 从整体上对画面进行明暗调整。

图4-58　在明暗稿的基础上进行色调的设计

4. 使用"色彩速涂"的方式进行绘制

"色彩速涂"是指先使用一些抽象的色块，利用构成原理，快速地勾勒出画面效果，再在形成的色块基础上进行细节的设计与绘制，如图 4-59、图 4-60 所示。这种方式是先对画面进行形式上的把握，再来思考和设计具体的造型形象，可以帮助初学者从整体色彩关系上来构建画面。在进行色块造型设计时，需要注意造型的节奏感，如图 4-61 所示。

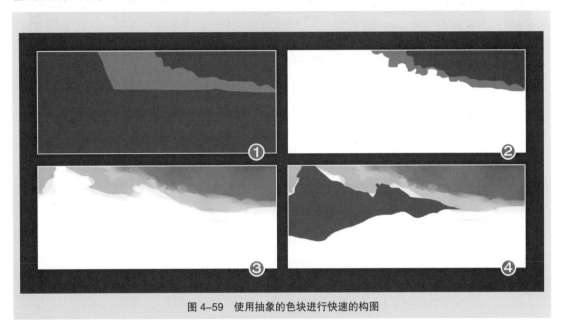

图 4-59　使用抽象的色块进行快速的构图

图 4-60　在形成的色块基础上进行细节的设计与绘制

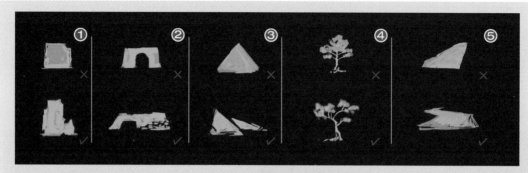

图 4-61　注意造型的节奏感

　　① 石块：上图中的石块过于方正，缺少造型的对比；下图中的形状看起来更为自然一些。

　　② 山洞：上图中山洞左右过于对称而显得四平八稳；下图中的形状通过一些造型的疏密变化来形成节奏感。

　　③ 山体：正三角、正圆和正方形，由于过于规整而往往缺乏视觉张力。上图中山体的造型过于接近正三角形，所以视觉吸引力弱；下图中则将其调整成并不那么稳定的形状，可以提高造型表现力。

　　④ 树：上图中的树干笔直生长，缺乏变化；下图中使用了均衡的造型让树的变化更自然一些。

　　⑤ 河流：上图中的河流过于平直，这会降低空间感；下图中让河流略微曲折一下，可以使得河流的造型更具空间表现力。

4.4　思考与练习

　　1. 绘制若干个不同材质的球体，如图 4-62 所示。绘制时可寻找一些参考资料，仔细分析材质与光之间的关系，注意吸收性材质、透射性材质和反射性材质在镜面反射和漫反射上的差异。

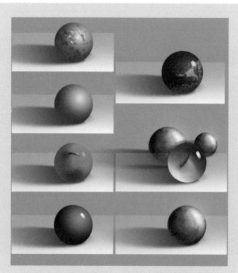

图 4-62　练习范例：绘制不同材质的球体

　　2. 在上一章"思考与练习"里所完成的剪影武器中，选择 3 个造型较为成熟的武器道具绘制成线稿，如图 4-63、图 4-64 所示。完成后，将其中一个绘制成带有不同材质的效果图，如图 4-65 所示。

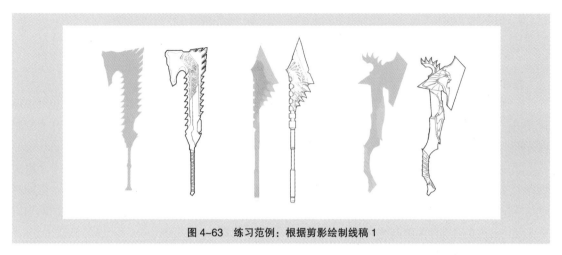

图 4-63　练习范例：根据剪影绘制线稿 1

图 4-64　练习范例：根据剪影绘制线稿 2

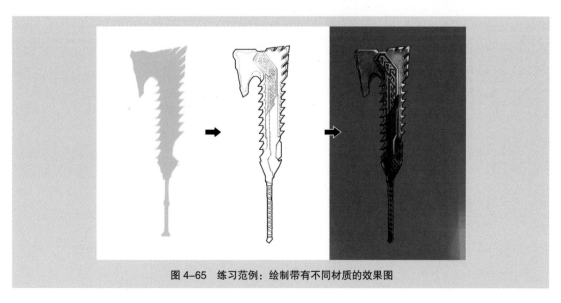

图 4-65　练习范例：绘制带有不同材质的效果图

3. 根据风景摄影的照片完成 4 张色彩速涂练习，每一张控制在 20 ～ 30 分钟左右完成，无须绘制细节，优先考虑整体性的色调布局。

练习的目的如下。

1. 材质球的练习主要用于学习不同材质的数绘表现。练习可以通过直接绘制来实现，也可以通过滤镜、图层混合模式等进行合成。在制作过程中，可以使用手机拍摄身边的各种素材，作为绘制时分析、研究的参考素材。这样的一种学习，可以让我们对材质应用具有初步的认识。

2. 武器的线稿绘制是一个设计力和想象力相结合的小练习，是将平面剪影图形固化成一个真实物体的过程。在这个过程中，我们需要大胆地想象各种造型，使得这个武器具有"个性"。它同时也是对设计能力的考验。因为武器是否美观需要借助形式美规律、形态构成原理等设计方面的知识来实现，这也是对设计基础课程中所学知识的一次巩固和应用。

3. 场景速涂练习的目的是逐步建立整体的色调把控能力。色彩需要解决的问题永远不是某一种颜色好不好看的问题，而是色与色之间的关系问题。速涂练习可以让我们在非常短的时间内尝试多种色彩组合和面积分布。

05

第 5 章
复古题材电影概念设计与制作

　　随着近年来后期特效在电影中所占比重的增加，电影后期的制作成本也水涨船高。为了能有效地管理后期特效的制作成本，一门基于数字绘画的技术——电影概念设计便诞生了。电影概念设计即使用数字绘画技术在电影开拍和后期制作前就将电影最终的视觉效果以静态的方式来呈现。在复古题材电影中，需要大量还原已经不存在的角色和场景并将其应用到数字绘画技术中。本章主要通过案例来解析复古题材电影的概念设计与制作。

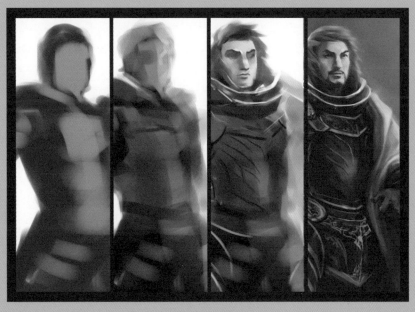

本章数字绘画案例

5.1 复古题材电影概念设计的方法和要点

复古题材电影
概念设计与
制作

从《霍比特人》到《狄仁杰——神都龙王》，复古风格经常成为电影的重要卖点。由于复古题材电影需要还原大量的历史角色和场景，又需要在历史的基础上根据电影的需要进行创新和夸张，所以电影概念设计显得尤为重要。图5-1所示是电影《狄仁杰——神都龙王》场景概念设计图，作品还原了盛唐时期中国城市的风貌。

图5-1　电影《狄仁杰——神都龙王》场景概念设计图

当今，人们对过去某一朝代、某一地域的图案、装饰、服装、建筑特点已有了一定认知，如果概念设计过于超越现实，过于天马行空，就可能让人感觉不真实或显得浮夸，但如果概念设计完全根据历史考证的结果来创造，又无法满足当代人的审美需要，也无法达到娱乐的目的。因此，这就需要设计师在"真实的历史"和"艺术的演绎"之间找到一个平衡点，既要对传统的东西有所保留，又要符合电影自身的艺术表现的需要。基于这样的目的，在设计之前对电影中所描述的时代进行历史考证，并基于这些考证来进行合理的演绎就显得非常重要。

1. 大量的历史考证与研究

我们要对特定历史时代的故事背景、人文、地理进行研究和了解，可以通过网络、文献来进行相关资料的采集，平时也需要多关注一些历史、人文方面的纪录片，以积累自己的知识储备。在条件许可的情况下，去博物馆仔细阅览一下该时代的文物解说，可能对设计有重要的启发。

2. 演绎与创造

电影诞生于现实，但又超越现实。电影的视觉效果需要基于现实进行归纳、整合与演绎，将内容进一步扩充与延伸，使得电影呈现出饱满的、丰富的、具有深度的视觉效果。

5.2 项目背景和设计要求

项目要求：为电影《亚瑟王》设计其电影中的角色"第一骑士"兰斯洛。兰斯洛是由湖之仙女抚养长大的，因此也被称为"湖上骑士"，因为杀死巨龙而被誉为"第一骑士"。他是亚瑟王圆桌骑士之首，是亚瑟王忠心而得力的干将，但后因为爱情的冲动，他与亚瑟王的皇后桂妮亚产生了恋情，最终导致圆桌骑士崩溃。兰斯洛出逃后建立了法兰西国，在亚瑟王战死后因内疚放弃了权力而成为一名修道士。

角色描述：角色年龄在 25 ~ 35 岁之间，勇敢强大，身穿黑色的骑士盔甲。

5.3 项目制作过程详解

1. 项目分析

通过项目分析，我们可以提炼出一些对设计有帮助的信息。例如，"年龄 25 ~ 35 岁"意味着是一个成年男性的身形特征，所以绘画前设计师需要对成人的基本肌肉解剖结构具有一定的了解，如图 5-2 所示。

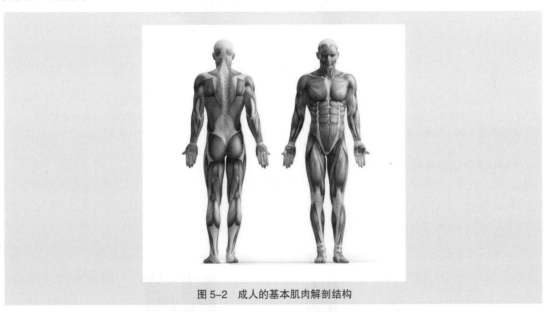

图 5-2 成人的基本肌肉解剖结构

所要设计的角色为"骑士"，所以肩膀正面可能比正常人更宽一些，普通人的肩膀宽度为 2.5 ~ 3 个头宽，骑士可能会因穿戴盔甲而达到 3.5 个头左右的宽度，如图 5-3 所示。

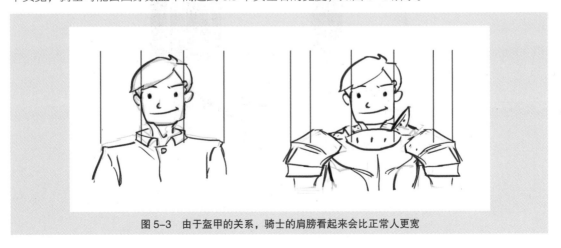

图 5-3 由于盔甲的关系，骑士的肩膀看起来会比正常人更宽

由于故事发生在英国，所以人种的特征为盎格鲁–撒克逊人，他们的面部、体型与亚洲人相比都有较大的差异，如图5-4所示。"与亚瑟王的皇后产生恋情"说明这个角色应该是比较英俊对女性具有吸引力的。"建立法兰西国"说明这个角色需要具备一定潜在的帝王气质。"成为修道士"说明这个角色性格相对比较内敛，而不是穷凶极恶之人。

图5-4　盎格鲁–撒克逊人与亚洲人脸部差异

1. 盎格鲁–撒克逊人鼻梁更挺直、鼻梁较窄，亚洲人鼻根处凹陷明显，且鼻子更宽。
2. 盎格鲁–撒克逊人额头较平，眉骨更突出一些，给人有棱有角的感觉，亚洲人颧骨会显得更为突出，面部会更宽阔、圆滑一些。

随后，我们需要思考骑士会用什么武器。作为"第一骑士"使用笨重的锤子、斧子显然不合理。一般来说，具有一定身份地位的角色会使用带有象征性含义的剑，而欧洲的刀剑分成很多种类型，如图5-5所示。经过比较后，选择最具有地域代表性的英国宽刃剑。经过项目分析后，可以看到所要设计的角色一点点变得清晰、明朗。

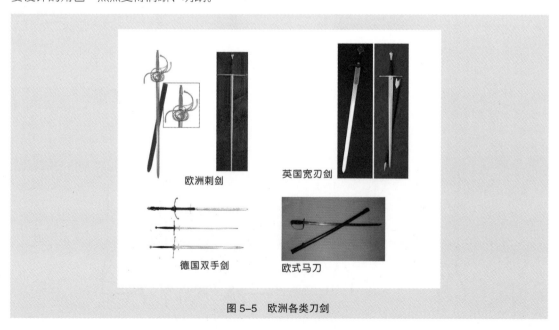

图5-5　欧洲各类刀剑

2. 素材收集

根据项目分析对有助于设计的素材进行收集，比如图 5-6 所示的欧式盔甲。在实际项目中，研究、思考、分析各种素材，比直接上手就凭感觉进行"乱涂"要有效得多。现实中存在的东西，都具有一定的合理性。一件盔甲除了"外观"还具有"功能"，这种功能可能是防御或者身份地位的象征，在设计时需要不停地反思"为什么需要这样设计""设计的目的是什么""能否达到设计的初衷"，而不是简单地去复制、拼凑某一个现实中的造型。

图 5-6 欧式盔甲

3. 项目设计与绘制

执行"新建">"画布"命令（组合键"Ctrl+N"）新建一块 A4 尺寸的画布。单击图层面板下方的" "按钮新建一个名为"角色黑白稿"的图层，如图 5-7 所示。

步骤详解 1

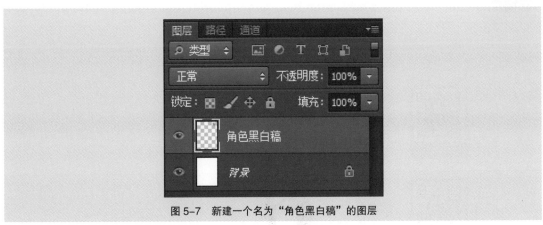

图 5-7 新建一个名为"角色黑白稿"的图层

在设计时，可以使用渐变工具来勾勒出一个体积参考球，这可以帮助设计初学者更为方便地塑造立体感，如图 5-8 所示。在设计时可以使用吸管工具吸取渐变球上的颜色来进行造型的绘制。

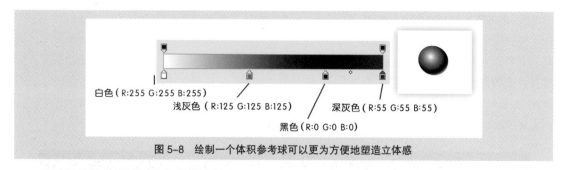

白色（R:255 G:255 B:255）

浅灰色（R:125 G:125 B:125）   深灰色（R:55 G:55 B:55）

黑色（R:0 G:0 B:0）

图 5-8　绘制一个体积参考球可以更为方便地塑造立体感

使用色块的方式绘制出角色基本的姿态剪影，如图5-9所示。在这个过程中，不要过多地去考虑细节，而要思考形态、姿态、动态这些更为整体性的东西，思考如何使角色看起来生动、自然。绘制时使用带有一定不透明度的画笔，比较容易融合各种色块，如图5-10所示。

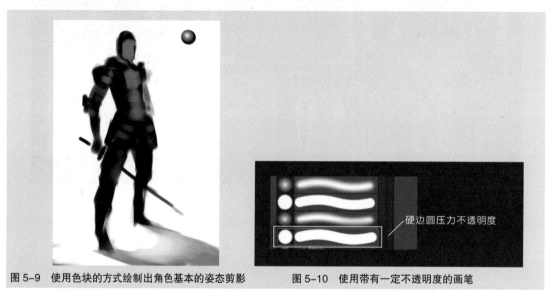

硬边圆压力不透明度

图 5-9　使用色块的方式绘制出角色基本的姿态剪影　　图 5-10　使用带有一定不透明度的画笔

随后，开始进一步细化角色身上的造型结构，如图5-11所示。这些结构包括形体的特征、盔甲的结构等。

步骤详解2

步骤详解3

图 5-11　进一步细化角色身上的造型结构

根据前面介绍的盎格鲁-撒克逊人的脸部特点，刻画兰斯洛角色的面部，如图 5-12 所示。在设计过程中，需要考虑剧本中对人物性格、特征、背景故事做出的描述，并在此基础上进行合理的"推导"和"演绎"。兰斯洛的性格具有坚定、忠诚的一面；因为建立"法兰西国"和"第一骑士"而具有孤傲和帝王将相的感觉；最终故事是以悲剧结尾，所以可以再加入一些淡淡的忧伤感。在明暗的设计上，角色以暗色为主，将主要的明暗对比集中于角色脸部。角色造型刻画如图 5-13 所示。

图 5-12　角色面部的刻画

图 5-13　角色造型刻画

在设计角色盔甲时，需要考虑人的解剖结构和运动关节，以使盔甲与角色进行"匹配"。对于初学者来说，先把角色的基本解剖结构绘制出来，再根据动作添加盔甲的设计会比较容易掌握结构与透视关系，如图 5-14 所示。对于盔甲的造型设计除了可以参考大量的古代盔甲外，也可以参考一些当代的工业产品。因为设计最终是需要符合当代人的审美，从一些当代工业产品造型设计中可以更好地分析出现代人的审美倾向是什么，例如"流线型""形与形的融合""倒角结构"等。将这些符合当代人审美的元素与古代盔甲进行结合才能创造出一个较好的设计作品。需要记住的是：设计不是复制已有的东西，而是对已有的东西进行融合、提炼、归纳、改良和创造。

在进行角色的细化设计时，可以通过水平翻转的方式来检查绘画时的错误，如图 5-15 所示。执行菜单"图像" > "图像旋转" > "水平翻转画布"命令可以看到，角色被翻转后，造型带有倾斜感，而不像原先那么稳定。这是人的观察习惯造成的，画面被水平翻转后，原有的习惯被打破了，就能看到一些绘画上的问题。在绘画的过程中，可以经常将图像翻转一下，并根据翻转的结果来进行调整。

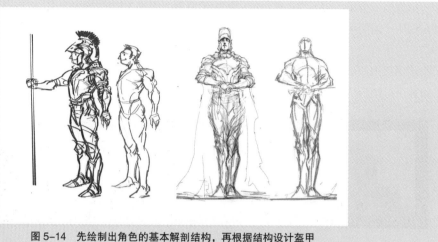

图 5-14　先绘制出角色的基本解剖结构，再根据结构设计盔甲

图 5-15　通过水平翻转检查错误

步骤详解 4

素描完成稿如图 5-16 所示。

随后，可以开始考虑角色的配色问题。在所有图层的上方新建 3 个图层，并将其图层混合模式改为"颜色"（Color），用于放置"盔甲""披风"和"背景"3 个面积最大的色块。在这个阶段，先不考虑环境色、反光色和小色块对角色的影响，只将大的色块进行区分，这样比较容易把握整体的色调关系，如图 5-17 所示。例如，角色脸部色彩虽然很重要，但对于画面整体色调来说，它只占有很小的面积，不起到决定性影响，所以可以暂不考虑。在绘制背景色时，需要时刻注意：背景是为前景中的角色服务的，它的深浅、色相是为前景中的角色营造氛围而用的，所以需要根据角色进行调整。

图 5-16　素描完成稿

图 5-17　新建颜色模式的图层，并进行配色

　　在配色时，我们有时会发现由于色彩造型的原因，色彩面积对比上存在一定问题，给人不舒服的感觉，如图 5-18 所示。图①中的红色盔甲使得披风的色块完全被割裂而缺乏连贯性，图②中将右腿的色块改为披风色时，呼应关系要好一些。此时，就需要对造型进行重新设计，调整色块面积对比，并赋予其"合理"的造型，如图 5-19 所示。

图 5-18　色块面积给人不舒服的感觉

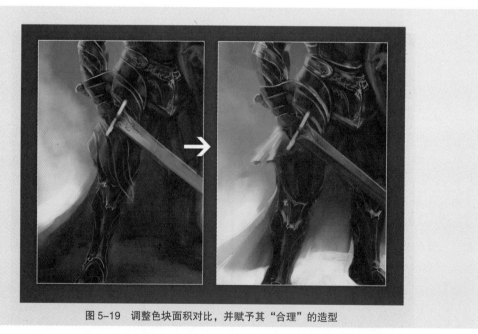

图 5-19　调整色块面积对比，并赋予其"合理"的造型

　　完成后，可以开始考虑角色面部色彩、反光色和一些细节的配色。在绘制角色面部色彩时，可以先绘制出一些面部基础色的色块，随后根据这个色彩进行上色。单纯暗红色的盔甲会使人感觉单调，此时加入一些金色的镶边色彩，使得角色更加具有高贵感，如图 5-20 所示。

　　最后，可以考虑环境氛围的色彩和冷暖关系所形成的空间感，对角色进行整体性调整。选中最上方的一个图层，单击图层面板下方的""（调整图层）按钮，选择"渐变映射"命令，如图 5-21 所示，画面将变为从蓝到白的渐变。为渐变映射添加蒙版，将画笔调整为黑色、不透明度 80%，在蒙版上将原有的图层擦出来并和渐变映射的图层进行混合，如图 5-22 所示。

图 5-20 面部色彩调整，并给盔甲加入金色镶边

R252 G253 B254
R74 G123 B184
R44 G31 B110

图 5-21 选择"渐变映射"命令

图 5-22　为渐变映射添加蒙版

此时会发现画面中的色彩饱和度过高。选中渐变映射的图层，将图层面板中的"填充"降低为"40%"左右，即完成了最终的画面，完成稿如图 5-23 所示。

图 5-23　完成稿

5.4 | 思考与练习

为新版电影《七武士》进行角色概念设计，可以在七个武士中任选一个武士进行设计。在设计过程中，请先收集与之相关的图片和文字资料，再依据资料进行设计创作。绘画的方法不限，可以使用直接上色的画法，也可以使用线稿上色或剪影起稿的画法，保留 3 ~ 5 个绘画设计过程并与正稿一同提交。

练习的目的如下。

1. 掌握复古题材电影概念设计绘制的流程，包括资料收集整理、草稿绘制、正稿上色等过程。

2. 人物的绘制较武器道具更难一些。这个练习是将前期人物速写的练习成果应用到设计实践中。在绘制时，当不确定某些动作、姿态如何绘制时，不要盲目地绘制，而可以寻找模特进行摆拍，这更有助于该内容的学习。

第6章
科幻题材电影概念设计与制作

06

　　科幻题材电影以其新奇的创意、无限的想象力而深受观众喜爱，但这些创意和想象力的实现，是无数概念设计师辛勤工作的结果。科幻电影概念设计与复古题材概念设计不同的地方在于，科幻电影往往需要设计大量的带有未来"科技"色彩的造型，这些造型更倾向于抽象的几何形，其形态的设计更多的是以工业设计中的审美为依据。本章主要通过案例来展现科幻题材电影角色概念设计的设计思路和制作流程。

本章数字绘画案例

6.1 科幻题材电影概念设计的方法和要点

科幻的历史就是人类想象的历史。科幻题材电影从《星际迷航》到《星球大战》，从《独立日》到《阿凡达》，无论是对未知领域的探索，还是对外星生物的想象，每一部伟大的科幻作品都是构建在前期大量的设计与构思基础之上的。图 6-1 所示是电影《星球大战》的数绘设计图。外星人、时空穿越、太空探索、人工智能等主题折射出的是科技与人性的冲突，数字绘画则是将想象和创意转变成视觉图像的过程。

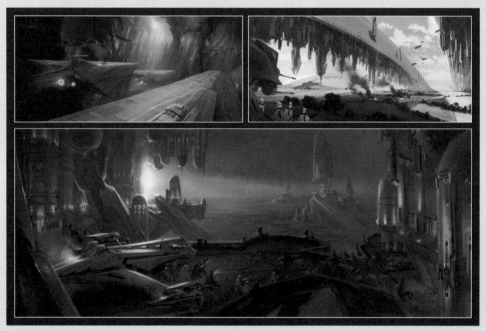

图 6-1 电影《星球大战》的数绘设计图

科幻电影的概念设计所依据的是基于现有科技的合理"推理"。在科学基础知识普及化的今天，简单的、缺乏依据的软科幻造型已无法满足当代人的审美需要，当代的科幻设计更倾向于"硬科幻"[①]的设计方案，既包含想象，又是真实的演绎。从已有电影机械结构的改进中可以看出人类对于科学认知的进步，如图 6-2 所示。现今很多科幻题材的电影在制作过程中，会有大量的科学人员参与推算各种可能性，并使得设计看上去真实、合理。 因此，如何实现"真实"与"合理"成为了设计的重要着眼点。

---

① 科幻电影在设计层面上可以分成"软科幻"（Soft SF）与"硬科幻"（Hard SF）。所谓的软科幻是指仅涉及科幻的内容，不涉及特定的科学技术和物理定律，以哲学、心理、政治、社会为主线的电影，其设计往往较为梦幻，而缺乏对真实科学的考证。硬科幻是指以科技幻想作为故事主线的内容，这一类影片在制作过程中就有大量的物理学家、生物学家等科学人员进行参与，对某一特定时空进行合理推导，其设计往往与软科幻相比更为真实可信，其创造的时空概念更容易让观众产生代入感。到目前为止，科幻电影的软硬划分并不具备绝对的标准，有很多作品都被认为是既具备设计层面的硬科幻，又具备叙述上的人文特征，例如《星球大战》《阿凡达》等。

2015年《超能查派》

图 6-2 从已有电影机械结构的改进中可以看出人类对于科学认知的进步

1. 真实与合理

与复古题材不同，科幻题材中的造型在现实中很难找到对应的对象来"临摹"。需要设计的宇宙飞船、外星生物等各种造型在现实中并不存在。在设计过程中我们虽然很难像复古题材那样找到直接性资料进行参考，但可以从现有科技产品、生物中摄取大量的知识来辅助设计。图 6-3 所示是美国概念设计师凯文·卡宁安（Kevin Cunningham）所设计的科幻摩托车，设计中的造型参考了现实中二战野马战斗机的造型、哈雷摩托车、飞机引擎结构。图 6-4 所示是美国概念设计师特瑞尔·惠特拉奇（Terryl Whitlatch）所设计的科幻生物，其结构大量借鉴了现有生物的运动结构，所以使得创造的生物看上去真实可信。。

图 6-3 美国概念设计师凯文·卡宁安（Kevin Cunningham）所设计的科幻摩托车

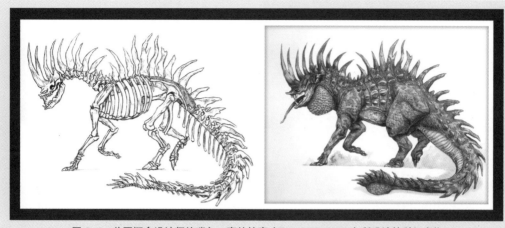

图 6-4　美国概念设计师特瑞尔·惠特拉奇（Terryl Whitlatch）所设计的科幻生物

美国概念设计师吉格尔（H.R.Giger）和斯坦·温斯顿（Stan Winston）分别为科幻电影《异形》（Alian）和《铁血战士》（Predator）所创造的造型如图 6-5 所示。如果吉格尔没有参考过人体解剖结构，就不可能有 1979 年的电影《异形》中的外星生物；如果斯坦·温斯顿没有参考过螃蟹的下颚，就不会有《铁血战士》的设计。无视现有的世界，是不可能为科幻题材创造真实感的。创造、设计没有绝对的规则和标准可以遵循，但灵感和创意往往诞生于身边已有的环境，想象总是来源于已有经验的演绎与重组。

图 6-5　美国概念设计师吉格尔（H.R.Giger）和斯坦·温斯顿（Stan Winston）分别为科幻电影
《异形》和《铁血战士》所创造的造型

2. 世界观的推理

科幻题材往往虚构了一个"世界"，这个世界可能是 50 年后或是 100 年后的，甚至更遥远的世界，但在这个特定的世界中会形成一个相对统一的"世界观"，在这个世界观中的各种生物、植物、建筑都会服从于这个独特的"世界观"[①]。例如在《阿凡达》中大量的动植物的设计看似是梦幻、奇特的，但内在具有一定的生物统一性，无论马、蜥蜴还是野狗都长有 6 条腿。电影在拍摄过程中，创作团队甚至找了天体物理学家来虚构一个"真实的"巨型气体行星。动物、植物、外星土著人的造型都需要符合这个星球的气候环境。

6.2 项目背景和设计要求

项目要求：为电影《入侵》设计一个战斗机器人角色。故事发生在 2050 年，人类的技术有了飞速的发展，各国开始使用无人驾驶的智能机器人来取代士兵参加战争。我们需要设计一个带有一点科技感、使用巨型机炮的巨型战斗机器人。

6.3 项目制作过程详解

1. 项目分析

项目虚拟了一个 30 年后的时间，这个时间与千年后的时间不同。千年后的造型设计需要尽可能与当下拉开差距，而 30 年后则需要体现与当下社会之间的联系，需要以当下的视觉造型审美作为设计起点，但又不能完全按照现在的科技来进行设计，因为这样就没办法体现出未来感和戏剧性的特点。在思考具体的造型前，参考一些当下建筑、工业造型领域的概念设计作品对设计会有一定帮助，因为这些领域的设计作品往往是对近期未来审美的一种推测，如图 6-6 所示。从图 6-6 中我们可以看到这些设计加入了一些带有流动性块面的造型，这些造型拥有非常强烈的、相同趋势的方向感，这一设计方式可以在这个项目中考虑采用。

根据要求中提到的"战斗机器人"，我们可以先寻找一些参考资料，作为确定机器人风格的依据。图 6-7 所示是电影《星球大战》《普罗米修斯》《变形金刚》《环太平洋》等电影中的机器人设计方案。机器人的风格并不是简单地分为日式机器人或美式机器人，因为即便在美式机器人的设计中仍旧可以区分出更细的风格，例如《星球大战》与《变形金刚》就存在较大的差异。

机器人的设计种类可以分成四大类。一是载人机器人，例如《环太平洋》中的巨型机器人和《星球大战》中的 AT-AT 帝国步行机，这类机器人往往设计得巨大，内部还有复杂的驾驶舱需要设计。二是生化机器人，将人身体的一部分或大部分使用机器进行取代，例如《普罗米修斯》中的人造人，这一类设计往往以人的基本解剖结构作为设计依据。三是自主型，这类机器人拥有类似于人类的自我意识、有人工智能的大脑，例如《变形金刚》《终结者》《I Robot》中的机器人。这一类设计往往不受大小、造型的限制，可以有较大的发挥空间。根据项目要求中"无人驾驶的智能机器人"的设定，可以确定我们需要设计的正是此类机器人。四是遥控型机器人，例如由波士顿动力学工程公司专为美军研究设计的大狗机器人（Bigdog）。

---

① 世界观是指人们在某一特定时空中对事物的基本看法和观点。同一事件在不同时空背景下，会按照不同的方式被看待。例如在《水浒传》的时空中，武松杀死老虎是英勇的行为，而在老虎稀有的今天，杀死老虎会被认为是对大自然的破坏。科幻电影都会构建一个虚拟的时空，如何根据剧情需要演绎出时空中丰富多彩的视觉效果是概念设计师需要面对的重要课题。

图 6-6　建筑、工业造型领域的概念设计作品

图 6-7　过去电影中的机器人设计方案

2．机器人设计的要点

机器人的设计主要可以从两个层面来进行思考：造型结构（审美、情感传达）和运动结构（技术、功能）。

在审美层面，为机器人设计一个造型和为手表设计一个造型的原理是非常接近的。它们都是基于单体切割、多体组合、形与形的过渡关系 3 种方式来实现。在使用这 3 种方式的同时，需要考虑最终造型需要传达出怎样的视觉效果——是震撼的，还是亲和的；是孔武有力的，还是奸诈狡猾的。

在运动结构的层面，首先，需要参考大量的机器关节结构来使得设计变得"真实可信"；其次，需要思考机器人的重量与支撑力如何表现；再次，需要思考如何让其运动，是按照仿生人腿的结构让机器人"步行"还是使用轮式战车的底盘结构。

3. 项目设计与绘制

步骤详解 1

执行"新建">"画布"命令（组合键"Ctrl+N"），新建一块 A4 尺寸的画布。选择浅灰色（R：148 G：148 B：148）来填充背景层，如图 6-8 所示。单击图层面板下方的"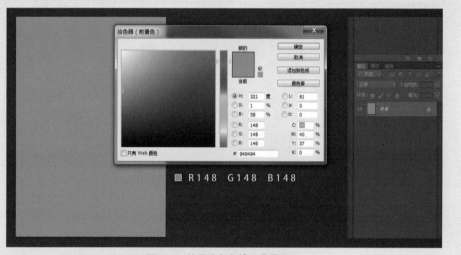"按钮创建一个新的图层，先使用深色来勾勒出一个剪影造型，如图 6-9 所示。

图 6-8 使用浅灰色填充背景图层

图 6-9 勾勒剪影造型

在这一阶段主要考虑整体的体积、动作、结构、重力，不要过早地拘泥于某一局部的细节刻画。在这个方案中，根据要求中的"巨型机器人"设定，我们将高度设定在了10米左右，接近于正常人身高的5倍，因为机器人过大会显得行动迟缓而缺乏表现力。

步骤详解2

在上方新建一个图层，使用一个比黑色浅一些的色彩（R:22 G:24 B:23）。选择"硬边圆压力不透明度"画笔，打开画笔属性设置，将"间距"调整为"14%"，对机械结构进行分割设计，如图6-10所示。此时画笔在落笔与起笔处会形成不透明度的效果，比较容易与原有的色彩进行融合。

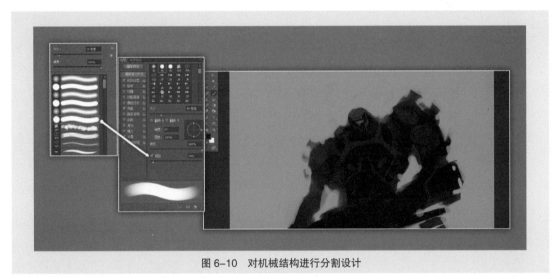

图6-10　对机械结构进行分割设计

在这个阶段，设计时需要考虑如何分割造型。机械构造都是由多个块面来构建出一个整体，块面的分割方式不同就会形成不同的视觉体验。在这个设计方案中，造型的分割尽可能多地使用了带有一些倾斜的线条，这样更容易产生动感。同时需要注意每一块机械造型的设计都依附于形体之上，需要注意原有的动作、体积与透视，如图6-11所示。可以先绘制出基本的"骨架"结构作为"重力"和"透视"的参考。

图6-11　注意原有的动作、体积与透视

在设计单个块面造型时，需要注意大部分的造型都可以被抽象简化成方、圆、三角。造型偏方、偏圆、偏三角将产生不同的视觉感受，如图 6-12 所示。形状越偏方形，越规整、越稳定、越具有力量感；形状越偏三角形越不稳定，动感越强，并且三角中的"角"越接近锐角，威胁感越强；形状越接近于圆形，越饱满、和谐，有时会显得年龄层次偏低。掌握了"形"所产生的不同感受后，就需要在设计中有所取舍。本章的机器人方案主要使用了偏方、偏三角的造型，尽可能少地使用偏圆的形状。

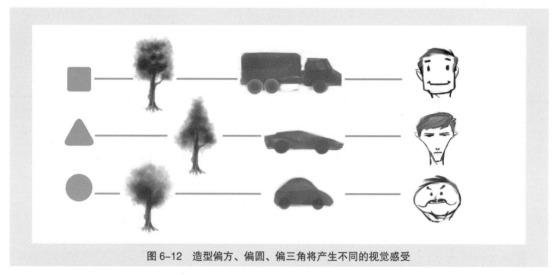

图 6-12　造型偏方、偏圆、偏三角将产生不同的视觉感受

因此，我们对机器人的头部形状进行调整。将头部改成倒三角的形状，使得角色看上去更陌生一些，如图 6-13 所示。在更进一步设计枪械的造型时，可以将枪械与角色分离在两个图层上，这样在修改枪械的外形时不需要补画角色，如图 6-14 所示。

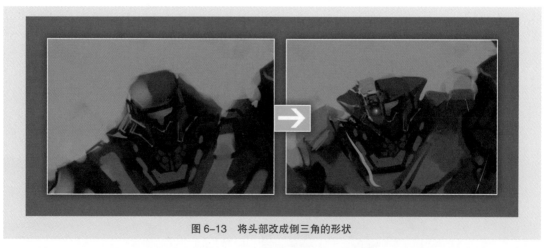

图 6-13　将头部改成倒三角的形状

将腿部设计成带有坦克履带的造型。在进一步细化结构时，可以找一些坦克的履带造型作为参考，如图 6-15 所示。

吸取背景色，将画笔设置为"柔边圆压力不透明度"画笔，将机器人较远一侧的对比度降低，使机器人更有空间感，如图 6-16 所示。可以看到图中右边的角色比左边的角色更具有空间感。

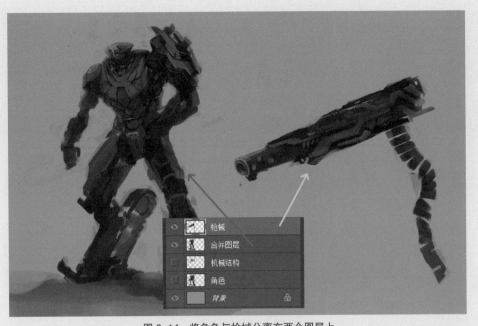

图 6-14　将角色与枪械分离在两个图层上

图 6-15　将腿部设计成履带造型

明度对比是塑造空间的重要因素，无论是场景或是角色，需要时刻记得距离越近的对象明暗反差越大，距离越远的对象受大气环境影响越大，明暗反差越小。

以上步骤完成后，我们就需要为机器人添加一些"亮点"来产生视觉吸引力了。新建一个图层，这里选择使用偏绿一些的蓝色（R:0 G:123 B:136），如图 6-17 所示，绘制上蓝色的线条来增加科技感。不同色相除了会带有不同的情感特征外，还会带有不同快感体验和行业特征，例如红色、黄色更容易让人产生味觉快感，蓝色是目前 IT 行业和通信行业使用最多的色彩，所以比较容易让观众联想到高科技产品。此外，在选色时，如果希望产生时尚感，尽可能使用复色来取代原色和间色，如图 6-18 所示。

步骤详解 3

图 6-16　使用背景色来降低远处的对比度以创造出空间感

图 6-17　绘制上蓝色的线条来增加科技感

　　完成后，可以再新建一个图层加入一些少量的黄色，与原有的蓝色形成对比色的配色关系，如图 6-19 所示。

　　单看画面时，很难区别对象的大小，此时就需要加入一个参考物来表现出机器人的大小，如图 6-20 所示。

　　完成稿如图 6-21 所示。

图6-18 使用复色来取代原色和间色

原色与间色

复色

R236 G171 B51

图6-19 加入少量的黄色，与蓝色形成对比色的配色关系

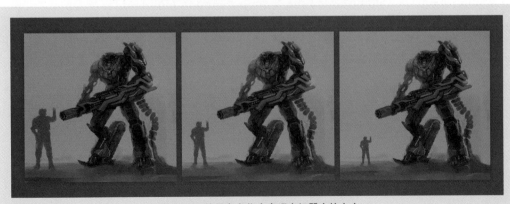

图6-20 使用参考物来表现出机器人的大小

图 6-21 完成稿

6.4 思考与练习

1. 请用 15 分钟时间完成一个可动机械臂的设计。

2. 设计一个机械角色，可以是生化机械人、仿生机械人、载具机械人、遥控机械人等。在设计之初，先要确定自己所设计的造型风格，并收集机械结构方面的资料。目前，电影中的主流机械造型偏向于硬科幻风格，更写实、更强调功能性。

练习的目的如下。

1. 掌握科幻造型的设计流程和数字绘制方法。

2. 机械臂是一个小型的练习，可以帮助我们建立机械的运动概念。机械臂会涉及伸展、开合、旋转等基础动作，对科幻电影中的变形飞船、机器人、科幻载具等设计都有非常重要的启示作用。

3. 机械角色的练习重点在于学习空间造型结构和运动结构。机械的设计势必需要思考几何形块面在空间中的分形结构，会涉及透视、构成等方面的因素。如何布置"分型线"才能让对象看上去既美观又真实，是在整个设计过程中需要探索和思考的问题。此外，在设计机械角色时需要通过机械结构来取代生物体的运动结构。这方面的练习可以让我们对机械的运动结构有所了解，对未来进行科幻主题项目的设计有所帮助。

第7章
Q版游戏概念设计与制作

07

Q版造型由日本漫画家手冢治虫创造并确立，具有呆萌、可爱、夸张、搞笑等特点，凭借其独特的头身比例，形成了一整套特有的造型规则。近年来，随着国产游戏《梦幻三国》《王者世界》《最终幻想15口袋版》等的出现，Q版造型已然成为了游戏角色风格设计的重要类型。本章将结合案例来展现Q版游戏角色的设计和绘制过程。

本章数字绘画案例

7.1　Q 版游戏概念设计的方法和要点

Q 版游戏角色
概念设计与
制作

　　Q 版来源于英语"Cute"的谐音，诞生于动漫业发达的日本。20 世纪 80 年代，日本漫画家手冢治虫开创了 Q 版漫画的先河。手冢治虫创造的 Q 版漫画造型如图 7-1 所示。这种造型方法的特点在于角色头与身体的比例为 1 ∶ 3 ~ 1 ∶ 2。通过这种造型方式可以使角色显得呆萌、可爱，非常具有亲和力。在早期的游戏中，Q 版造型因与写实造型相比，在游戏过程中调用的资源较少，被日本游戏公司大量地应用于网络游戏、网页游戏和手机游戏中。图 7-2 所示是游戏《最终幻想世界》中 Q 版角色的造型。如今，随着游戏硬件的逐步发展，造型表现空间也越来越大，但 Q 版的造型始终得到大量玩家的青睐，逐步发展成为相当成熟的一种设计风格，这种风格的独特性在于它有着特定的"程式化"设计标准。

图 7-1　日本漫画家手冢治虫创造的 Q 版漫画造型

图 7-2　游戏《最终幻想世界》中 Q 版角色的造型

1. 带有个性的程式化设计

　　首先，我们需要掌握 Q 版角色独特的绘画比例。Q 版角色常用的绘画比例有 1 ∶ 1（头的高度 = 身体其余部分高度的总和）、1 ∶ 2（头的高度 = 躯干的高度 = 腿的长度）、1 ∶ 3（头的高度 = 躯干的高度 =0.5 腿的长度）。这里需要注意的是：Q 版角色的比例越接近 1 ∶ 1，则年龄会显得越低；越接近 1 ∶ 3，则越显得成熟；但当比例接近 1 ∶ 4 左右时，则角色不再令人感觉像 Q 版，不再具有趣味性，而会令人觉得像"侏儒"。

　　Q 版经常被认为是一种带有"套路化的""程式化的"设计风格。角色头与身体比例、造型的特征、手的大小比例等都需要设计者根据已有的模式来完成。但看似程式化的设计背后，其实对设计者提出了更高的要求，因为设计者需要在有限的范围内进行个性化的创新，而不是绘制出千篇一律的作品。

"个性"是游戏中不可磨灭的东西，它使得一款游戏可以从第一眼就区别于其他同类游戏，同样是 Q 版，依旧存在着风格上的差异性。图 7-3 所示赵云的设计，虽然都是 Q 版，但使用了不同的设计风格。

图 7-3　不同风格的 Q 版赵云设计

角色设计需要根据游戏项目的需要来选择某一种适合的风格。对设计而言，最"美"的不一定是最好的，最"合适"的才是最好的。

2.　"呆萌"创造吸引力

"呆萌"是 Q 版角色的重要特点，也是 Q 版角色吸引力的重要来源。在将角色呆萌化的同时，对角色特征的把握显得尤为重要。如图 7-4 所示，左图为电影《梦之途中》中的真人角色，右图为将左图人物 Q 版化后的造型。绘者在原有色彩的基础上提高了色彩饱和度，并加入了渐变色用于调和色彩之间的过渡。在角色面部和动作上都做了一定的调整，使得角色变得非常可爱、呆萌。

图 7-4　《梦之途中》中真人角色 Q 版化（黄越彦绘制）

Q 版绝不是简单地"放大头部,缩小身体",更重要的是将对象表现得生动。例如,游戏《部落冲突》(Clash of Clans)中的 Q 版造型就生动地夸张了野蛮人村落中各个角色的性格特征,使得每个角色在呆萌的同时显得活灵活现,如图 7-5 所示。

图 7-5 游戏《部落冲突》中的 Q 版造型

3. 细节决定成败

在绘制 Q 版角色时,需要时刻记得"细节决定成败",这里的"细节"不仅仅是肉眼可以看到的细节,还是设计师需要思考、联想的更多的"细节"。只有这样,才能使设计的角色带有创意。图 7-6 所示韩国游戏《荣耀骑士团》的概念设计稿就包含了丰富的细节设计。

图 7-6 韩国游戏《荣耀骑士团》的概念设计稿

7.2 项目背景和设计要求

项目要求:为一款网络冒险游戏绘制一个角色的 Q 版造型。关于角色企划文案如下:"……斯派克是游戏的男主角,他长着一头金色的头发,腰间有棕色的小皮包用来存放冒险中收集到的各种道具……他有一双红色的靴子。他生活在云顶小村中,在他的屋子后面有一大片葡萄园……"

7.3 | 项目制作过程详解

1. 项目分析

在收到企划文案后，需要仔细阅读文案，文案中提到的"金色头发""腰间棕色小包"等细节必须在设计中表现出来，文案中没有提到的东西可以根据后期设计、创意的需要酌情添加。

步骤详解 1

2. 项目设计与绘制

在 Photoshop 中，按 "Ctrl+N"组合键打开新建画布对话框，在"预设"中选择"国际标准纸张"，并将颜色模式设置为"RGB 颜色"，将分辨率设置为"300 像素 / 英寸"。单击"确定"按钮，新建一块画布，如图 7-7 所示。

图 7-7　新建画布

在背景图层上新建一个图层。按"Ctrl+Shift+N"组合键，打开"新建图层"对话框，将图层名称设置为"草稿"，并将"颜色"设置为"灰色"后，单击"确定"按钮，如图 7-8 所示。

使用相同的方法再建立一个图层，并命名为"参考线"。使用画笔工具，按住"Shift"键绘制出等距的直线，用于 Q 版角色绘制时的比例参考。选择"草稿"图层，绘制出角色的剪影造型，如图 7-9 所示。在这一阶段，通过剪影的塑造可以摒弃不必要的细节而专注于角色的整体姿态。完成后，可删除或隐藏参考线。

图 7-8　新建图层

图 7-9　绘制角色剪影造型

设置草稿图层的不透明度为"30%"，并在其上方新建一个名为"勾线"的图层，勾勒出细节的造型，如图 7-10 所示。完成后，选择名为"圆点硬"的画笔对线条进行整理。新建一个名为"ref-color"的色彩参考图层，使用矩形选区工具制作一些小方格的配色色块，作为角色的主要配色，如图 7-11 所示。在勾线时，尽可能保证线条的"闭合"，为以后上色提供方便，如图 7-12 所示。完成后，将勾线图层的图层混合模式改为"正片叠底"。

图 7-10　勾勒细节的造型

图 7-11　对画面的线条进行整理，并制作配色色块

图7-12　在勾线时，保证线条的"闭合"

使用"魔术棒工具"单击线稿图层，制作出角色某一部分的选区。为了方便后期再次选择某一区域，可以对角色的头发、服装、手臂等各个区域分别建立路径，这样便于后期色彩调整，如图7-13所示。

步骤详解3

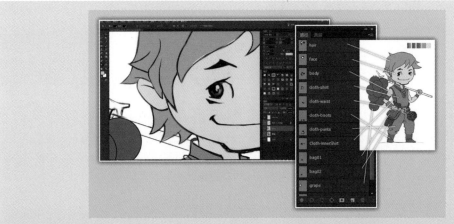

图7-13　对角色的头发、服装、手臂等各个区域分别建立路径

新建一个名为"color"的色彩图层，使用油漆桶填入色彩，如图7-14所示。此时，因为没有加入"光"的因素，色彩会显得非常平淡。所以可以假设光线来自于画面的右侧，新建一个亮部图层和一个暗部图层，将亮部图层的图层混合模式改为"叠加"，绘制相应的色彩即可完成，完成稿如图7-15所示。

步骤详解4

图7-14　填入色彩

图 7-15　完成稿

7.4　思考与练习

1. 临摹一幅 Q 版游戏的角色设计稿，并使用该 Q 版的风格，将照片中的对象绘制成 Q 版，练习范例如图 7-16 所示。

2. 请使用任意一种 Q 版风格，将你身边的 3 ~ 5 位老师或同学绘制成 Q 版。注意需要保持风格统一。

练习的目的如下。

1. 本次两个练习的主要目的是帮助设计者掌握快速学习一种新风格，并立刻应用这种风格进行设计的方法和流程。因为游戏与电影不同，风格千变万化，即便是 Q 版也有成千上万种不同的风格，在未来工作中，设计者需要时常根据游戏项目变换自己的风格，所以可以通过这个练习来锻炼设计者在这方面的能力。

2. Q 版需要对特征进行归纳、概括。将身边的同学、老师作为设计对象更容易对设计结果进行评估。

临摹

参考照片

设计稿

图 7-16　练习范例（张艺馨绘制）

第8章

卡通类游戏概念设计
与制作

08

"卡通"并不是一种风格，而是许许多多不同风格的总称，有偏向于半写实的风格，也有偏向于漫画的风格；有偏向于日韩的风格，也有偏向于欧美的风格。但卡通类游戏在创作时都具有一定的共性，例如夸张的表现手法、对趣味感的追求等。本章将结合案例来展现卡通类游戏角色的设计和绘制过程。

本章数字绘画案例

卡通类的游戏造型继承于日式、美式动漫的造型风格，具有表现方法多样的特点。与 Q 版相比，卡通类的风格具有半写实的特征，在保留近似真人身段比例的同时，通过夸张的创意突出角色的外貌和性格特征。图 8-1 所示分别是 3 款游戏中，使用 Q 版、卡通、写实风格绘制的弓箭手角色。如果 Q 版造型追求的是呆萌、可爱，那么卡通造型追求的则是趣味和生动，写实造型追求的则是真实感和代入感。

卡通类游戏概念设计与制作

Q版　　　　　卡通　　　　　写实

图 8-1　3 款分别使用 Q 版、卡通、写实风格表现的弓箭手角色

1. 夸张的表现手法

"夸张"是卡通造型的灵魂，它能使卡通角色演绎出更丰富的造型特征，产生更大的吸引力。图 8-2 所示是 CreatureBox 工作室所设计的卡通角色造型，通过夸张的造型、丰富的色彩，使角色具有非常强的视觉表现力。

图 8-2　CreatureBox 工作室设计的卡通角色造型

在设计过程中，"夸张"可以通过多个方面来实现，例如造型、色彩、空间透视和动态等。在多数情况下，处理好造型、色彩、空间透视之间的关系，对卡通风格的整体视觉表现有非常重要的作用。

在造型层面，夸张并不是随意地更改原有造型，而是需要基于一定的解剖和结构知识进行塑造。人体的结构、体块、在运动时形成的"骨点"位置在卡通造型设计时都需要被准确地刻画。相反，在绘制 Q 版角色时，为了造型上的"圆润""呆萌"，很多解剖结构会被刻意地概括或弱化。图 8-3 所示是使用卡通化的设计方式进行的肖像绘制。

图 8-3　使用卡通化的设计方式进行的肖像绘制

这张画作的设计思路是希望角色比原照片更具有力量感和进攻性。原照片中的角色脸部的各种皮肤肌理、细节，以及其他与所要表现的主题无关的东西在卡通绘制时可以省略。在设计过程中，画作夸张了角色面部的转折结构，例如让眉弓骨看上去更突出，让鼻子看上去更"硬"，让原本外形圆滑的胡子看上去有棱有角，让脖子变得和头一样粗，把外轮廓上的很多曲线造型改为直线和三角的造型。这种对造型的概括、提炼和夸张不仅仅对于人物设计适用，对于动物、场景、道具等也同样适用。图 8-4 所示是角色设计师大卫·科曼（David Colman）对熊的卡通造型设计。通过夸张的造型，使得熊看上去更生动，性格特征更明显。

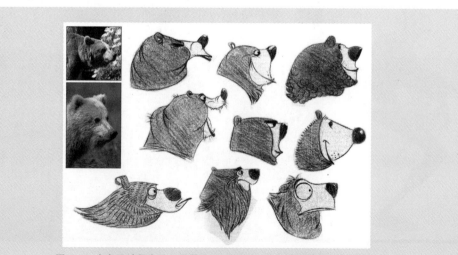

图 8-4　角色设计师大卫·科曼（David Colman）对熊的卡通造型设计

在色彩层面，卡通风格的色彩与写实风格相比，纯度更高，配色更为大胆、活跃，尤其是暗部中往往融入了丰富的色彩层次。图 8-5 所示是荷兰角色概念设计师拉什（Loish）所绘制的作品。作品中的色彩非常具有表现力，暗部色彩体现出了丰富的变化。中间一幅作品更是大胆地使用了红绿这组"冤家"配色。虽然红绿是两种容易形成冲突的色彩，但在这幅画面中却显得非常协调，原因首先是作者巧妙地压暗了部分的红色和绿色，使得亮度一样的红绿两色并没有直接接触，其次是作者加入了白色光影来隔离出前后层次，使得画面显得非常"透气"。

图 8-5　荷兰角色概念设计师拉什（Loish）所绘制的作品

在进行卡通配色设计时可以遵循以下几种方法。

● 尽可能使用复色来取代原色和间色，这可以使得所创造的色彩更具有时尚感，如图 8-6 所示。三原色和三间色的调合属性比较弱，直接接触后会形成非常突兀的色彩，如图 8-6 左图所示。与之相比，图 8-6 右图法比安·门斯（Fabien Mense）所绘制的作品中的色彩就更为协调。

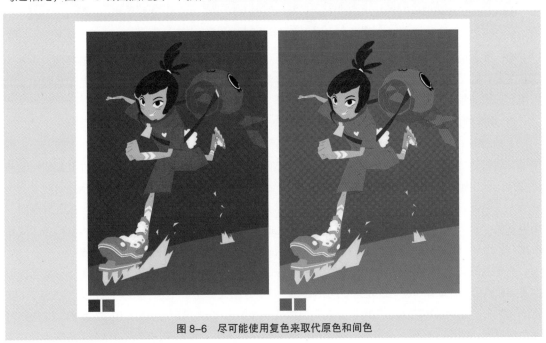

图 8-6　尽可能使用复色来取代原色和间色

● 当色彩缺乏前后空间感时或发生冲突时，可以加入无彩色来隔离出冲突的色彩或前后层次，如图8-7所示。图8-7左图中红色与绿色直接接触，形成非常令人不快的交界区域，而图8-7右图中则使用白色将两种色彩进行分离，由红绿形成的冲突感就可以得到一定程度的缓解。

图8-7　加入无彩色来隔离出冲突的色彩或前后层次

● 暗部避免使用简单的黑色，而需要考虑画面整体的冷暖及色调关系。卡通造型的色彩不是为了表现"真实"而是为了表现"生动"和"活力"。图8-8左图是卡通风格的游戏仙界村的场景，右图则是著名概念设计师杰西·范·戴克（Jesse van Dijk）所设计的写实场景。卡通场景的配色更为欢快、大胆，而写实场景的配色则更灰、更细腻一些。

图8-8　卡通场景配色与写实场景配色对比

● 在空间和透视设计层面，同样也可以利用夸张的方式来创造非常具有表现力的画面。图8-9所示是设计师贾斯汀·斯威特（Justin Sweet）为漫威的绿灯侠设计的画面。画面模仿了鱼眼镜头的效果，形成非常强的视觉表现力。

2. 趣味性的融入

卡通造型的趣味性并不仅仅需要将造型设计得"好玩"，还需要往前更进一步，需要设计者理解造型所传达出来的"性格"。在设计时，要时刻揣摩角色行为的潜在动机，感受对象最细腻的情感变化。设计所创造的是一个带有生命感的对象，而不是一个"形状"。图8-10所示是游戏《合金弹头》中坦克的造型设计。坦克在开动时会摇头晃脑，除了可以爬坡外，还能跳跃，当敌人开炮时，坦克还会"趴下"。这样的设计赋予了这辆坦克独特的趣味性。趣味性可以创造一种亲和力，使得玩家在新奇、兴奋的情绪下进行游戏。在创造代入感的同时，营造出轻松、自然的氛围。

与夸张的方式类似，趣味也可以通过很多方式来实现，可以是角色身上佩戴的某个小饰品，可以是角色的姿态、动作，也可以是某一句话或某个眼神，但关键在于"出乎意料"。例如，在游戏《怪物猎人》中，设计师将猎人的跟班"仆人"设计成一群拟人化的"猫"，如图8-11所示。这些猫可以负责烧饭、洗衣、狩猎、送信等各种劳动，这使得原本紧张、激烈的狩猎活动具有了趣味性。

图 8-9 贾斯汀·斯威特（Justin Sweet）为绿灯侠设计画面

图 8-10 游戏《合金弹头》中趣味性十足的坦克

图 8-11 游戏《怪物猎人》中"跟班猫"的设计稿

8.2 项目背景和设计要求

项目要求：为一款手机游戏《地中海王国》设计一个公主的角色。《地中海王国》是一个养成类的游戏，玩家需要帮助公主建设自己的国家。关于角色的企划文案如下："公主具有文静的性格，姿态比较优雅，头发为白色，穿一件较长的拖地连衣裙。"

8.3 项目制作过程详解

1. 项目分析

根据项目要求，这个角色需要有明确的地域特点，即"地中海"，所以可以先收集一些关于"地中海"的资料，以帮助我们来确定"地中海"给人的感觉是怎样的。在造型层面，可以融入一些曲线造型，参考巴洛克风格、洛可可风格的曲线，以体现出一种华丽的感觉，表现出角色的身份。地中海风格装饰、造型的参考素材如图8-12所示。

图 8-12 地中海风格装饰、造型的参考素材

在配色层面，蓝色与米白色搭配，加入少量的高饱和度色彩比较容易产生"地中海"的感觉。配色参考资料如图8-13所示，从地中海周围城市的一些照片中可以提取一些与设计有关的色彩。

2. 项目设计与绘制

步骤详解 1

执行"新建">"画布"命令（组合键"Ctrl+N"）新建一块A4尺寸的画布，设置图像分辨率为300像素/英寸，颜色模式为RGB。为了让画笔在打草稿时更流畅一些，需要先对画笔进行一些设置。选择画笔工具，并选择"硬边圆压力不透明度"画笔，单击属性栏中的画笔设置面板图标，打开画笔设置面板，如图8-14所示。

在笔尖形状中，通过拖曳圆形两端的节点来调整画笔的形状，并拖曳小三角来将角度调整为"90°"。此时，可以看到画出的笔画形状已发生了改变，如图8-15所示。

图 8-13　配色的参考资料

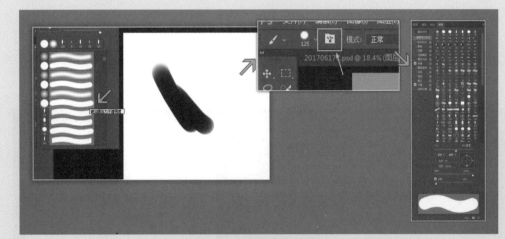

图 8-14　打开画笔设置面板

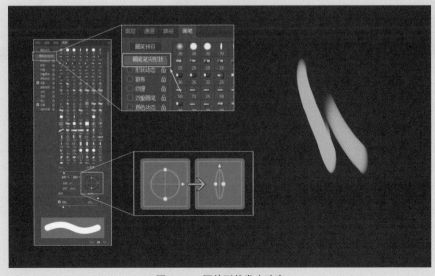

图 8-15　画笔形状发生改变

勾选"形状动态"，并将"大小抖动"下方的"控制"设置为"钢笔压力"，此时绘制出来的线条会随着使用者下笔的轻重产生粗细变化。"形状动态"选项设置如图 8-16 所示。这样可以使得线条看起来更为自然。

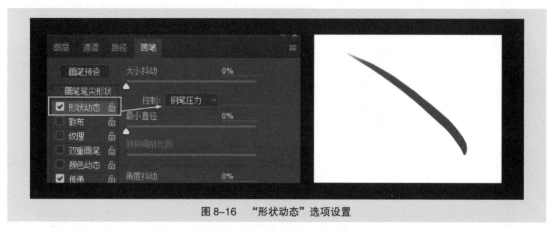

图 8-16　"形状动态"选项设置

勾选"传递"，并将"不透明度"下的"控制"设置为"钢笔压力"，将"流量抖动"下的"控制"设置为"钢笔斜度"。"传递"选项设置如图 8-17 所示。这可以使得所绘制的笔触具有轻重的变化，并能模仿真实的画笔倾斜所形成的效果。

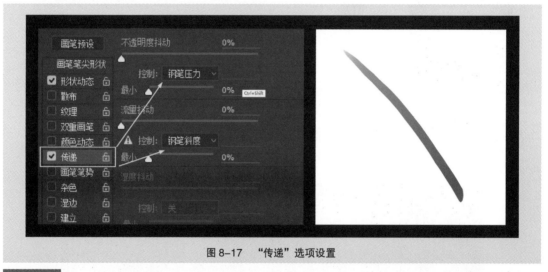

图 8-17　"传递"选项设置

在背景图层上涂上一些蓝色后，在其上方新建一个名为"线稿"的图层，勾勒出角色的基本姿态和造型，如图 8-18 所示。在这个阶段，不要太拘泥于细节，注意整体的形态和动势。

完成草稿的构思后，可以对线条进行整理，如图 8-19 所示。在这个过程中，我们可通过自由变换工具略微拉长角色的下半身，使得角色看上去更为修长，这样比较容易体现出女性优美的形体特征。

对线条进行修整，并将一些细节刻画得更为清晰，如图 8-20 所示。此时需要注意任何细节都是服务于整体的一部分，不要让某一细节过于突兀而影响整体的造型。

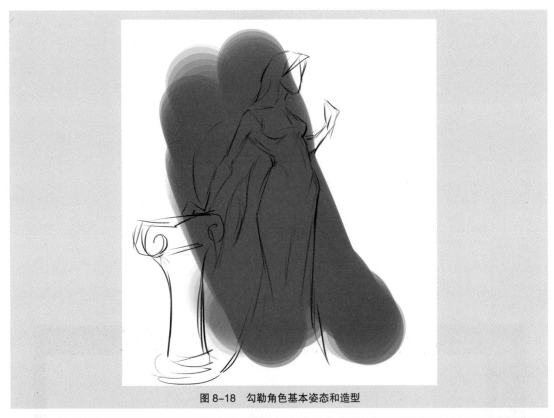

图 8-18　勾勒角色基本姿态和造型

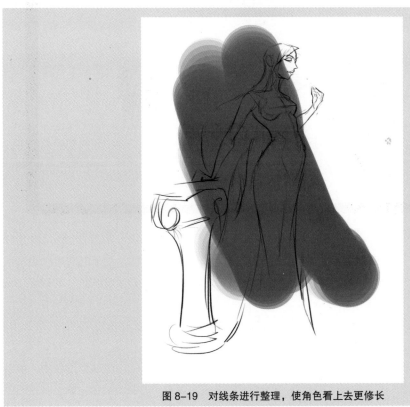

图 8-19　对线条进行整理，使角色看上去更修长

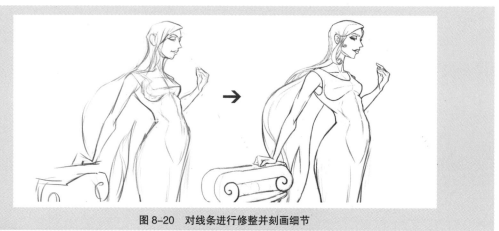

图 8-20　对线条进行修整并刻画细节

步骤详解 3

新建一个图层，使用从照片素材中提取出来的色彩制作一个上色用的"小色板"，如图 8-21 所示。

图 8-21　制作一个上色用的"小色板"

选择"硬边圆压力不透明度"画笔，并将不透明度设为"80%"。这样，在下笔时可以略带不透明度属性，比较容易进行色彩融合。在"线稿"图层的下方新建一个名为"皮肤色"的图层，从小色板中吸取色彩进行上色，如图 8-22 所示。上色时，可以根据光源的位置使得皮肤略带明暗属性。

在绘制暗部时，可通过锁定图层不透明度的方式来对所要上色的区域进行限制，如图 8-23 所示。这样，可以不用担心会画出去。

在上方新建一个"服装色"的图层，并使用相同的方式对服装进行上色。在这个过程中，可以通过"调整"＞"色相 / 饱和度"命令（组合键"Ctrl+U"）来比较不同的服装配色，调整服装的色彩，如图 8-24 所示。

图 8-22　从小色板中吸取色彩进行上色

图 8-23　通过锁定图层不透明度来限制暗部的绘制区域

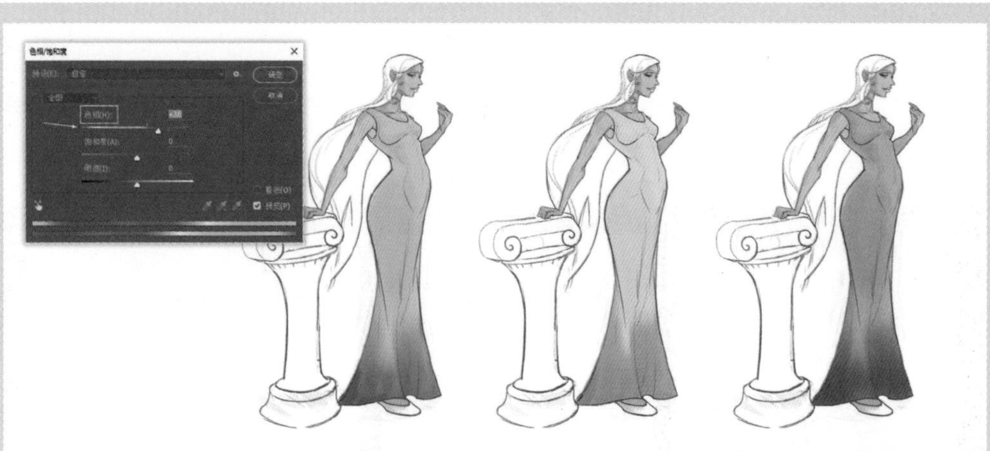

图 8-24　调整服装的色彩

　　使用相同的方式为柱子和头发添加色彩。此时，可切换为喷枪画笔，以加入一些较为柔和的明暗变化，如图 8-25 所示。

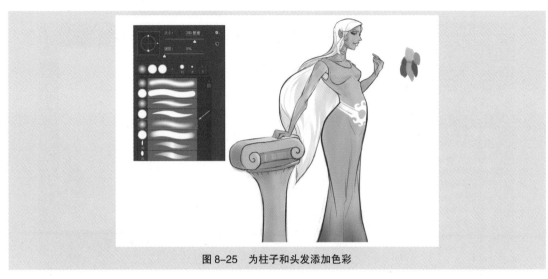

图 8-25　为柱子和头发添加色彩

完成后，可以为角色绘制一个头饰，如图 8-26 所示。

图 8-26　绘制头饰

如果对柱子的造型不满意，可以使用网格变形工具对其进行调整。先选出需要更改造型的区域，按下"Ctrl+T"组合键（"自由变换"命令）进入自由变换模式，在属性栏中激活网格变形的图标，如图 8-27 所示。

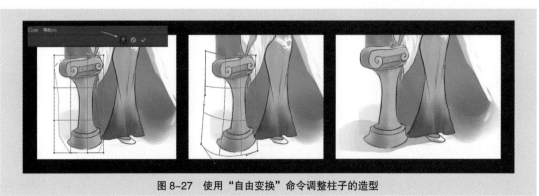

图 8-27　使用"自由变换"命令调整柱子的造型

最后，使用一种略带有深浅变化的蓝色为角色制作一个背景，略微衬托一下角色，完成稿如图 8-28 所示。

图 8-28 完成稿

8.4 思考与练习

进行卡通造型设计。寻找某一位同学或室友作为模特，为其拍摄照片，作为设计时的参考素材。使用卡通的画法来进行创作，注意在造型、色彩和透视层面利用夸张来进行表现。

练习的目的如下。

1. 卡通造型设计与 Q 版相比具有更多的细节需要考虑，这对设计者提出了更高的要求。

2. 同学或室友均是创作者所熟悉的人，因此会更了解其性格特征。在练习中尝试在角色造型中夸大这种性格特征，可以提升设计者的造型灵敏度。

09

写实类游戏概念设计与制作

随着游戏制作技术和平台性能的不断提升，目前多数次世代游戏平台上的 3A 级写实游戏都可以达到电影级的视觉效果，具备细腻、丰富的质感和还原度。而如何既"写实"，又超越"现实"，成了设计过程中设计者必须要面对的问题。如何创造"代入感"，如何刻画一个虚拟的造型，并让其成为后期能被三维加工的"工业产品"，成为设计的重要核心。本章将结合案例来展现写实类游戏角色的设计和绘制过程。

本章数字绘画案例

9.1　写实类游戏概念设计的方法和要点

近年来，随着游戏硬件的不断提升，即便是网页游戏也逐步具备了次世代游戏的画质。很多写实游戏的视觉表现能力已堪比电影。图 9-1 所示是游戏《激战》（Guild War）的概念设计图，人物造型细腻、质感真实、层次丰富。

图 9-1　游戏《激战》（Guild War）概念设计图

写实类游戏概念设计在很多方面与魔幻、科幻电影的概念设计制作流程非常相似，不同的是电影的概念设计最终会由演员来实现，只有少部分虚拟角色通过三维模型来实现，而游戏中所有的概念设计都会通过三维模型来实现。此外，由于游戏是实时渲染的，为了游戏最终能顺畅运行，对模型的面片数有严格限制。因此，写实类游戏的概念设计需要在尽可能节省面片数的情况下获取最佳的视觉效果。目前，很多游戏通过凹凸贴图的方式来解决这个问题，即制作两套模型，一套为高精度模型，一套为低精度模型。高精度模型不在游戏中直接使用，而是制作成法线贴图包裹到低精度模型上，这样就可以在游戏中运行面片数较低的模型，但仍旧获得较好的视觉效果。游戏中常用的低精度模型 + 高精度模型 Bump 贴图如图 9-2 所示。

低精度模型+高精度模型的Bump贴图

图 9-2　游戏中常用的低精度模型 + 高精度模型 Bump 贴图

在这种情况下，概念设计的造型如果是一个高高隆起的造型，就会占用较多的面片，而如果是"浮雕"的造型，就可以省去大量的面片，所以很多写实游戏更倾向于采用偏浮雕的细节设计。图 9-3 所示是 Xbox 平台上的游戏《战争机器》，角色身上的装甲细节丰富，造型非常有表现力。

图 9-3　Xbox 上的游戏《战争机器》

次世代游戏具有类似电影级的写实画面，同时又需要让玩家在游玩过程中感觉顺畅，因此"自我解释"和"代入感"是重要的设计依据。

1. 要能"自我解释"

游戏和电影不同，不能依靠大量的旁白、对话来进行叙述，而需要借助场景、角色、道具自身的造型来进行"自我阐述"。角色的性格特征需要通过姿态、服装、配饰、道具等清晰地表述出来。在电影、动画中，一个内心不满的人可以通过一个"狼顾"的眼神特写传递给观众，但在游戏游玩的过程中，角色面部特写镜头很少出现（仅有少量会出现在 CG 动画中），大量的都是全景镜头，这就需要玩家在"远处"看到角色时，能立刻判定出角色是正面的还是反面的，是古代的还是现代的，同时，还需要玩家判断出角色身上道具的功能和属性。这就要求写实游戏中的设计具有自我解释的功能。

图 9-4 所示是游戏《地平线》中角色概念设定，从设计稿中就可以立刻判断出游戏中的"社会"是一个部落结构的社会，左边的角色是一个"巫师"或"向导"，中间的角色身手一定不错，而右边的角色一定是个"坏人"。角色身上携带着看似来自于高度文明社会的未来高科技机械结构的装备，却被当作原始的工具来用，说明除了这个部落文明之外，游戏中一定还存在一个高度文明的社会。

2. 真实感与代入感

写实类游戏真实感的产生离不开设计师对现实细致入微的观察、研究、提炼和再现。图 9-5 所示是游戏《怪物猎人：世界》中的场景概念设计制作过程。设计师在制作前实地考察了原始森林，并拍摄大量素材用于进行游戏中的场景设计，使得游戏中高度还原了真实的场景空间。玩家进入游戏后，会有非常强的真实感和代入感。再例如游戏《最终幻想 15》中高度还原了一天中的日落、日出和刮风、下雨等自然气象，甚至模拟了下雨天路面会出现小青蛙，使得玩家感觉自己身处一个"真实"的世界中。

图 9-4　游戏《地平线》中的角色概念设计

图 9-5　游戏《怪物猎人：世界》中的场景概念设计

　　在设计写实的科幻游戏中的造型时，也如同科幻电影的概念设计一样，需要具有一定的合理性。图 9-6 所示是角色"变装"设计方案。可以看到④和⑤的方案虽然造型也具有一定个性和表现力，但角色很有可能会因为穿上这样的衣服而无法弯腰。游戏中的服装虽然不用像电影中的服装一样让演员穿在身上，但也需要具有一定的合理性。

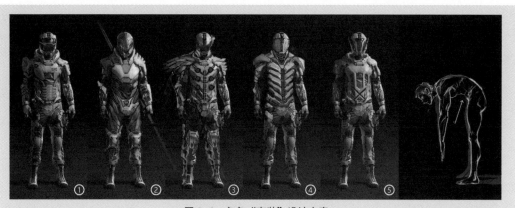

图 9-6　角色"变装"设计方案

9.2 项目背景和设计要求

项目背景详见 1.1.4 节中对游戏《中土传奇——精灵宝钻》的企划描述。设计要求：在 1.1.4 节课后作业所完成的精灵草稿中，选择出一张较为成熟的设计方案，将其绘制成概念正稿，并上色。完成后根据角色的正、侧面绘制正交视图稿，并撰写设计说明。

9.3 项目制作过程详解

1. 项目分析

首先，根据企划中的故事描述定义出该游戏角色所处的时空环境。《中土传奇——精灵宝钻》是依据小说《精灵宝钻》改编的游戏。《精灵宝钻》所描述的故事发生在《霍比特人》之前，与《指环王》同为一个系列。因此，在设计之初，应该收集相关的文本资料、图像，作为设计灵感的来源和设计的起点。图 9-7 所示是《指环王》中的角色概念设计。

图 9-7 《指环王》中的角色概念设计

然后，收集企划案中与设计角色造型有关的重要信息。例如"尖尖的耳朵和金色的头发""性格沉稳、坚毅、正面、积极""担任部队的指挥官""爱上了人类公主"等。在这些信息中，"尖尖的耳朵和金色的头发"是直观信息，可以直接绘制，而"性格沉稳、坚毅、正面、积极"则是抽象信息，这些是需要"戏剧性创意"的。设计者需要思考什么样的脸型、目光、神情可以体现"坚毅、沉稳"的性格，什么样的配色、光效会给人以正面角色的心理暗示。设计者不但需要思考从人物的面相、神情、动作、姿态、光效、材质等方面构建出角色性格，将抽象信息描述转换成直观图像，而且需要思考玩家在看到这些直观图像后还能解读出哪些抽象信息。在学习过程中，关注当下流行的趋势是非常重要的，因为每一代人的审美倾向是不一样的，当下所流行的东西很可能代表着消费群体的喜好。

在企划案的角色描述中提到了角色"指挥官"的身份。体现角色身份、地位、所处时代、所处地理环境的重要载体就是服装和配饰。因此，设计者需要考虑在这个中土世界的精灵部队中，"指挥官"的服装和普通士兵服装的差异性在哪里；服装上会有怎样的配饰，这种配饰是象征地位，还是象征某一部落或某一军队，抑或是具有某种特殊含义。

2．草稿绘制

根据思考、归纳出的设计路径和设计线索，收集相关的资料并绘制草图。在绘制草图阶段，可以多绘制一些方案互相比较，如图 9-8 所示。很多在脑海中的创意只有落实到画布上才能确定是否具有表现力。草图的作用是快速记录下自己的想法。为了方便起见，养成随身携带速写本的习惯对记录创意很有帮助，这样在地铁、食堂里都可以随时记录下自己的创意。速写范例如图 9-9 所示。

图 9-8　绘制草图

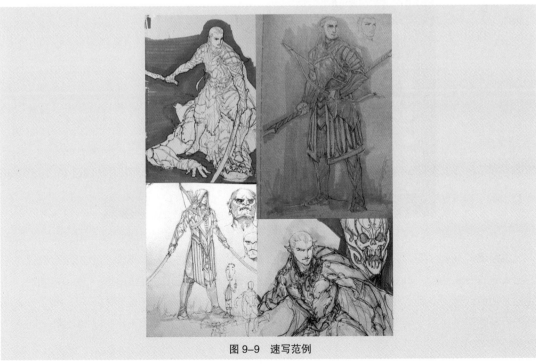

图 9-9　速写范例

3．项目设计与绘制

在 Photoshop 中，执行"新建">"画布"命令（组合键"Ctrl+N"）新建一张尺寸为 30cm×30cm，精度为 300 像素 / 英寸的画布。并新建一个图层，使用画笔工具绘制底色，如图 9-10 所示。底色主要用于构建出角色所处环境的空间感，在后期可以根据设计的需要进一步进行调整。

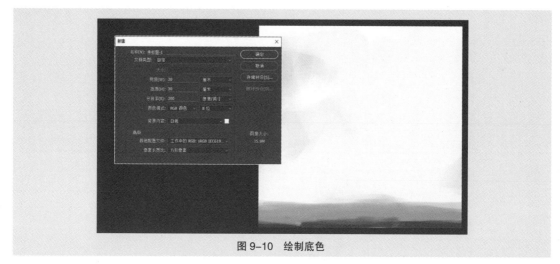

图 9-10　绘制底色

单击画笔属性栏中的下拉式按钮，打开画笔选择对话框，在其中选择"硬边圆压力不透明度画笔"。使用该画笔勾勒出角色的大致形态，如图 9-11 所示。在这一阶段不用考虑细节造型，尽量从体块和受力的角度来整体规划角色的姿态。

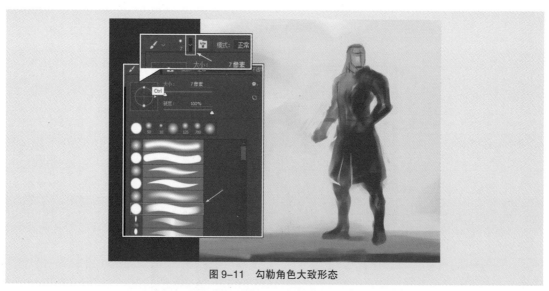

图 9-11　勾勒角色大致形态

将画笔切换到"硬边圆压力大小"，这是一支适合用于勾线的笔刷。选择一个较深的灰色，勾勒出大致的内部结构，如图 9-12 所示。注意铠甲上的分型结构尽量具有造型的统一性和协调性，不要过于随机或过于混乱。绘制线条的目的在于进一步细化前，作为比例和位置的参考。因为放大局部进行刻画时，是看不到整体效果的，这往往容易造成对象比例失调或上下部分身体不处于同一个透视结构中。

图 9-12 勾勒大致的内部结构

新建一个名为"光效球"的图层,选择渐变工具,在弹出的对话框中将渐变色彩设置为黑白渐变。使用圆形选区工具,按住 Shift 键不放,在画面中拖曳出一个正圆形。将渐变工具切换到"径向渐变",拖曳出一个渐变球,如图 9-13 所示。

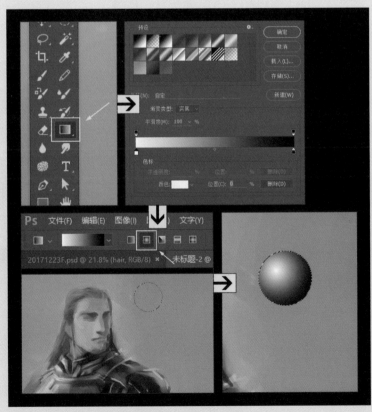

图 9-13 绘制"光效球"

同时按"Ctrl+Shift+D"组合键释放选区，并在图层中锁定该图层的不透明度。使用一支较虚的画笔，擦除漫反射的效果。这样就可以根据这个"光效球"绘制出角色的明暗效果，如图 9-14 所示。优先从光影的角度设计角色的优点在于较为容易控制造型的纵深距离。

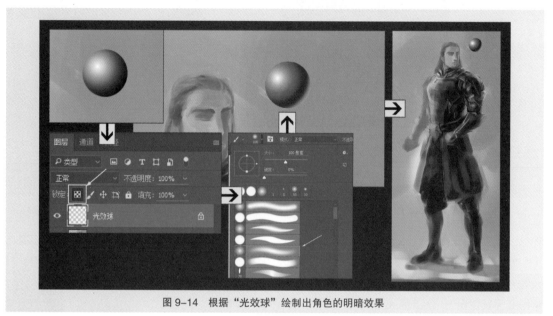

图 9-14　根据"光效球"绘制出角色的明暗效果

数字绘画基础与项目实战（微课版）

步骤详解 3

步骤详解 4

在绘制出大致的角色造型后，可以铺上一层颜色，用于控制整体的色彩基调，如图 9-15 所示。在这个阶段无须考虑细节的配色关系，尽量从整体上控制主要的色彩基调。调整到适当的效果后，就可以开始细分图层了，如图 9-16 所示。

图 9-15　控制色彩基调

图 9-16 细分图层

　　图层的划分既要考虑空间的前后关系，也要考虑色彩的差异。脸部和头发单独放在不同的图层中，这样方便后续对其进行修改，盔甲、服装可以单独放在不同的图层，武器等放在另一个图层中。完成后使用不同的色彩对图层进行分色，这样在后期绘制过程中，选择图层更为快捷。

　　随后，就可以在各个对应的图层中细化各个部位的造型结构。图 9-17 所示是角色头部的细化过程。脸部是一个比较重要的部位，往往可以表现出角色的性格、阅历等信息，在绘制时可以多找一些真人写真照片作为参考素材。由于将"头发"和"脸部"分了两个图层上，所以当需要修改头发的造型时，擦除部分头发时，可以自然地透出下方的"脸部"图层。这可以使得造型设计更为方便，无须不断地补画擦除的造型。

图 9-17 头部的细化

　　在绘制头发时，可以找一些参考资料，先为头发铺上主要的光影和色调，随后使用一支直径较小的画笔勾勒一些松散的头发细节即可，如图 9-18 所示。

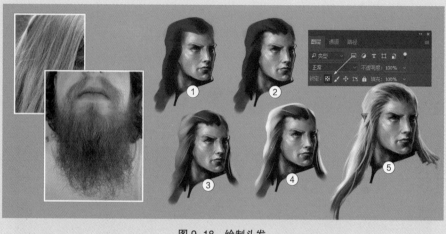

图 9-18　绘制头发

① 先用暗色绘制出头发的基本造型，并利用暗部塑造出头发的体积。
② 加深头发的暗部，并确定出头发与皮肤的虚实关系。
③ 锁定图层透明度，并为头发添加固有色。
④ 为头发添加高光。
⑤ 用较细的画笔勾勒出头发的细节结构。

　　这里需要注意的是头皮与头发的衔接是非常柔和的过渡，很少会形成非常清晰的分界线，同样的问题也发生在绘制角之类的对象上，如图 9-19 所示。在图 9-19 左图中，角与脸部形成了清晰的分界线，这使得角看上去像帽子一样"戴"在了头上；在图 9-19 右图中，脸部皮肤与角形成了牵连的结构，这会使得角看上去更真实、更自然。

图 9-19　绘制角之类的对象

　　在绘制过程中，可以执行主菜单"图像"＞"旋转画面"＞"水平翻转画布"命令来检查自己的整体造型是否存在问题，如图 9-20 所示。

　　手是角色设计中较难绘制的部位。如果无法凭空想象出手的姿态、造型、体积和透视关系，最好的办法就是拍摄自己手的姿态照片作为绘画时的参考。在拍摄时，需要注意让照射到手上的光效结构与画中的光效尽可能接近。手部的绘制如图 9-21 所示。

数字绘画基础与项目实战（微课版）

图 9-20　通过水平翻转来检查造型

图 9-21　手部的绘制

在进行服装和甲胄的设计时，需要注意形式上的表现。不要将服装和甲胄看成是单个的独立结构，尽量思考形与形之间的关系、个体与整体之间的关系，并思考如何塑造视觉的秩序性和独特性。

在刻画局部时，容易忽略整体的造型关系。完成服装和甲胄的设计后，可以使用参考线从整体上进一步调整角色的比例、造型和透视。首先使用铅笔工具绘制直线，复制该图层。然后将其中一个图层移动到最下方，并选中所有横线的图层，如图 9-22 所示。将需要调整的区域用套索工具选出后，使用"Ctrl + T"组合键（"自由变换"命令）来调整线条的比例关系。

完成后，最终效果如图 9-23 所示。在关闭文件前，另存一份 JPG 格式的文件。

新建一个 A4 尺寸横版的文件，用于绘制正交视图稿。将先前保存的 JPG 文件拖入该文件中作为参考，根据画面需要使用裁剪工具，适当拉宽画面，如图 9-24 所示。

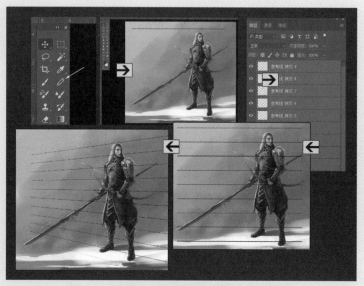

图 9-22　使用参考线调整角色的比例、造型和透视

图 9-23　最终效果

图 9-24　新建一个文件用于绘制角色的正交视图稿

使用"Ctrl + R"组合键来打开界面标尺。在标尺位置单击并拖曳出多条参考线，如图 9-25 所示。

图 9-25　建立参考线

使用"Ctrl + Shift +Alt +N"组合键新建一个图层，使用画笔工具绘制出基本的剪影造型。完成后，设置图层不透明度为"12%"，如图 9-26 所示。

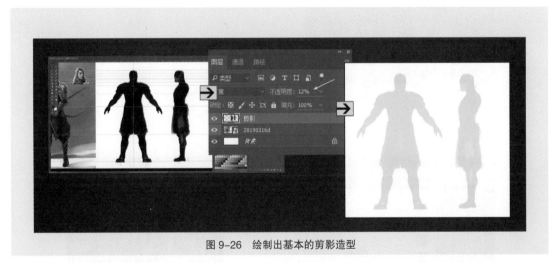

图 9-26　绘制出基本的剪影造型

在其上方新建一个图层，用于绘制线条。先勾勒出角色正视图、侧视图大致的结构和造型，注意对应正侧面体块的位置，如图 9-27 所示。

绘制细节，并清理线条，如图 9-28 所示。在绘制细节造型时可以使用钢笔工具进行绘制。

完成后，在线稿图层的上方新建一个图层，将图层混合模式切换成"正片叠底"并将图层名字改为"甲胄"，对甲胄进行上色，如图 9-29 所示。使用相同的方式分别对角色的服装、皮肤、头发等进行上色，如图 9-30 所示。

新建一张 A3 尺寸的纸，将绘制完成的角色和设计说明进行排版。

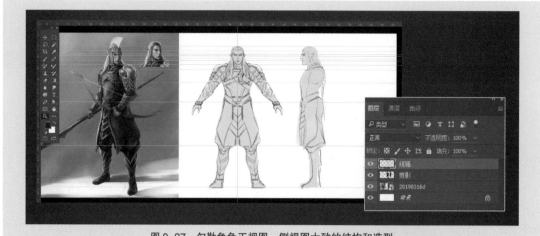

图 9-27　勾勒角色正视图、侧视图大致的结构和造型

图 9-28　绘制细节，清理线条

图 9-29　使用"正片叠底"的方式对甲胄进行上色

图 9-30　对角色的服装、皮肤、头发等进行上色

9.4　思考与练习

使用数绘板结合数绘软件为游戏《山海经传奇》完成其中一个魔幻角色设计，主要造型、色彩必须采用数绘完成。角色企划取材于原山海经中的故事典故，可以是拟人化灵兽，传说中的帝王、英雄、神仙等，请在设计前完成一段详细的文本企划。作品提交范例如图 9-31 所示。

图 9-31　作品提交范例　作者：杨凯元

技术要求如下。

1. 可自行从原有《山海经》中选择角色，每个角色都有至少 1 个武器或法器需要设计。

2. 制作之前先查阅原著中对所要绘制角色的描述，并摘录放于自己的作品企划说明中。

3. 需要完成角色正面和侧面的线稿或明暗稿各一张，动作剪影稿或线稿两张。

4. 可以选择剪影起稿的画法，也可以选择线稿的画法。如使用明暗起稿的画法需要提交一张明暗完成稿，使用线稿的画法需要提交一张线稿完成稿。

5. 最终完成稿带有动作、透视、标准色和服装的设定，角色动作需要与该角色性格有关。

6. 可以使用卡通画法，也可以使用写实画法，建议找一种现有的风格进行参考，并将参考素材存放于"素材"文件夹中，命名该文件为"姓名+××的风格参考"。

7. 请分成若干的段落来撰写设计说明。分别从设计风格的选择、角色的设计与表现、服装的设计与表现、动态表现、空间与透视、光影与材质、色彩配色与色调这几个方面进行阐述。

8. 完成后建立一个文件夹"学号+姓名+期末作业"，其中包含3个文件夹，分别为"素材""JPG"和"工程文件"，并放置相应内容。

作品尺寸：A3，色彩模式：RGB，图像分辨率：300像素/英寸。

设计要求如下。

1. 设计时需要考虑画面的视觉中心与视觉表现力，尽可能增加视觉张力。

2. 设计中注意抽象形式感的表现及形式美规律的应用。

3. 设计时，空间和透视应准确，无论场景还是角色都必须置于某一个特定的三维空间中，空间需要真实、可信，具有一定的临场视角感。需绘制简洁的背景。

4. 在设计画面时，注意对"光"与"影"的表现，可以根据自己的创意主题选择大光源、小光源及顺光、逆光、双面光等光线角度，尽可能模仿真实世界中的光线。

5. 画面质感表现也是考核的内容之一，需要根据自己的设定模仿各种材质的肌理效果及光线吸收、光线折射、透射等效果。